U0340248

国家出版基金项目

天工巧匠

"十三五"国家重点图书出版规划项目

飞苍走黄……蒙古族弓箭制作技艺

特尼格尔 著

中华传统工艺集成

冯立昇 董杰 主编

山东教育出版社
·济南·

图书在版编目（CIP）数据

飞苍走黄：蒙古族弓箭制作技艺 / 特尼格尔著．--

济南：山东教育出版社，2024.9

（天工巧匠：中华传统工艺集成 / 冯立昇，董杰主

编）

ISBN 978-7-5701-2860-0

Ⅰ.①飞… Ⅱ.①特… Ⅲ.①蒙古族－射箭－制造－

民间工艺－介绍－中国 Ⅳ.①TS952.5

中国国家版本馆CIP数据核字（2024）第010849号

TIANGONG QIAOJIANG——ZHONGHUA CHUANTONG GONGYI JICHENG

天工巧匠——中华传统工艺集成 冯立昇 董杰 主编

FEI CANG ZOU HUANG: MENGGU ZU GONG JIAN ZHIZUO JIYI

飞苍走黄：蒙古族弓箭制作技艺 特尼格尔 著

主管单位：山东出版传媒股份有限公司

出版发行：山东教育出版社

地　　址：济南市市中区二环南路 2066 号 4 区 1 号　　邮编：250003

电　　话：0531-82092660　网址：www.sjs.com.cn

印　　刷：山东黄氏印务有限公司

版　　次：2024 年 9 月第 1 版

印　　次：2024 年 9 月第 1 次印刷

开　　本：710 毫米×1000 毫米　　1/16

印　　张：9.5

字　　数：145 千

定　　价：58.00 元

如有印装质量问题，请与印刷厂联系调换。电话：0531-55575077

 ┃ 作者简介 ┃

　　特尼格尔，内蒙古农业大学农林经济管理专业管理学学士，内蒙古师范大学社会学专业法学硕士，内蒙古大学党政办公室科员。2017—2021 年就职于内蒙古自治区非物质文化遗产保护中心非遗保护研究科，2021 年至今就职于内蒙古大学党政办公室。主要参与完成国家级非遗代表性传承人记录工作，自治区级非遗代表性传承人记录工作，参与编写出版非遗保护理论研究相关成果等。主要研究领域为文化社会学、非物质文化遗产保护研究、民俗学等。

中华文明是世界上历史悠久且未曾中断的文明，这是中华民族能够屹立于世界民族之林且能够坚定文化自信的前提。中国是传统技艺大国，源远流长的传统工艺有着丰富的科技和人文内涵。古代的人工制品和物质文化遗产大多出自能工巧匠之手，是传统工艺的产物。中国工匠文化的传承发展，形成了独特的工匠精神，在中国历史长河中延绵不绝。可以说，中华传统工艺在赓续中华文脉和维护民族精神特质方面发挥了重要的作用。

传统工艺主要指手工业生产实践中蕴含的技术、工艺或技能，各种传统工艺与社会生产、人们的日常生活密切相关，并由群体或个体世代传承和发展。传统工艺的历史文化价值是不言而喻的。即使在当今社会和日常生活中，传统工艺仍被广泛应用，为民众所喜闻乐见，具有重要的现代价值，对维系中国的文化命脉和保存民族特质产生了不可替代的作用。

近几十年来，随着工业化和城镇化进程的不断加快，特别是受到经济全球化的影响，传统工艺及其文化受到了极大的冲击，其传承发展面临着严峻的挑战。而传统工艺一旦失传，往往会造成难以挽回的文化损失。因此，保护传承和振兴发展中华传统工艺是我们义不容辞的责任。

传统工艺是非物质文化遗产的重要组成部分。2003 年 10 月，联合国教科文组织通过《保护非物质文化遗产公约》，其中界定的"非物质文化遗产"中包括传统手工技艺。2004 年，中国加入《保护非物质文化遗产公约》，传统工艺也成为我国非遗保护工作的一大要项。此后十多年，我国在政策方面，对传统工艺以抢救、保护为主。不让这些珍贵的文化遗产在工业化浪潮和城乡变迁中湮没失传非常重要。但从文化自觉和文明传承的高度看，仅仅开展保护工作是不够的，还应当重视传统工艺的振兴与发展。只有通过在实践中创新发展，传统工艺的延续、弘扬才能真正实现。

2015 年，党的十八届五中全会决议提出"构建中华优秀传统文化传承体系，加强文化遗产保护，振兴传统工艺"的决策。2017 年 2 月，中共中央办公厅、国务院办公厅印发了《关于实施中华优秀传统文化传承发展工程的意见》，明确提出了七大任务，其中的第三项是"保护传承文化遗产"，包括"实施传统工艺振兴计划"。2017 年 3 月，国务院办公厅转发了文化部、工业和信息化部、财政部《中国传统工艺振兴计划》。这些重大决策和部署，彰显了国家层面对传统工艺振兴的重视。

《中国传统工艺振兴计划》的出台为传统工艺的发展带来了新的契机，近年来各级政府部门对传统工艺的保护和振兴更加重视，加大了支持力度，社会各界对传统工艺的关注明显上升。在此背景下，由内蒙古师范大学科学技术史研究院和中国科学技术史学会传统工艺研究会共同策划和组织了《天工巧匠——中华传统工艺集成》丛书的编撰工作，并得到了山东教育出版社和社会各界的大力支持，该丛书也先后被列为"十三五"国家重点图书出版规划项目和国家出版基金资助项目。

传统手工技艺具有鲜明的地域性，自然环境、人文环境、技术环境和习俗传统的不同，以及各民族长期以来交往交流交融，对传统工艺的形成和发展影响极大。不同地域和民族的传统工艺，其内容的丰富性和多样性，往往超出我们的想象。如何传承和发展富有地域特色的珍贵传统工艺，是振兴传统工艺的重要课题。长期以来，学界从行业、学科领域等多个角度开展传统工艺研究，取得了丰硕的成果，但目前对地域性和专题性的调查研究还相对薄弱，亟待加强。《天工巧匠——中华传统工艺集成》丛书旨在促进地域性和专题性的传统工艺调查研究的开展，进一步阐释其文化多样性和科技与文化的价值内涵。

《天工巧匠——中华传统工艺集成》首批出版 13 册，精选鄂温克族桦树皮制作技艺、赫哲族鱼皮制作技艺、回族雕刻技艺、蒙古族奶食制作技艺、内蒙古传统壁画制作技艺、蒙古族弓箭制作技艺、蒙古族马鞍制作技艺、蒙古族传统擀毡技艺、蒙古包营造技艺、北方传统油脂制作技艺、乌拉特银器制作技艺、勒勒车制作技艺、马头琴制作技艺等 13 项各民族代表性传统工艺，涉及我国民众的衣、食、住、行、用等各个领域，以图文并茂的方式展现每种工艺的历史脉络、文化内涵、工艺流程、特征价值等，深入探讨各项工艺的保护、传承与振兴路径及其在文旅融合、产业扶贫等方面的重要意义。需要说明的是，在一些书名中，我们将传统技艺与相应的少数民族名称相结合，并不意味着该项技艺是这个少数民族所独创或独有。我们知道，数千年来，中华大地上的各个民族都在交往交流交融中共同创造和运用着各种生产方式、生产工具和生产技术，形成了水乳交融的生活习俗，即便是具有鲜明民族特色的文化风情，也处处蕴含着中华民族共创共享的文化基因。因此，任何一门传统工艺都绝非某个民族所独创或独有，而是各民族的先辈们集体智慧的结晶。之所以有些传统工艺前要加上某个民族的名称，是想告诉人们，在该项技艺创造和传承的漫长历程中，该民族发挥了突出的作用，作出了重要的贡献。在每本著作的行文中，我们也能看到，作者都是在中华民族的大视域下来探讨某项传统工艺，而这些传统工艺也成为当地铸牢中华民族共同体意识的文化基石。

本套丛书重点关注了三个方面的内容：一是守护好各民族共有的精神家园，梳理代表性传统工艺的传承现状、基本特征和振兴方略，彰显民族文化自信。二是客观论述各民族在工艺文化方面的交往交流交融的事实，展现各民族在传统工艺传承、创新和发展方面的贡献。三是阐述传统工艺的现实意义和当代价值，探索传统工艺的数字化保护方法，对新时代民族传统工艺传承和振兴提出建设性意见。

中华文化博大精深，具有历史价值、文化价值、艺术价值、科技价值和现代价值的中华传统工艺项目也数不胜数。因此，我们所编撰的这套丛书并不仅限于首批出版的 13 册，后续还将在全国遴选保护完好、传承有序和振兴发展成效显著的传统工艺项目，并聘请行业内的资深学者撰写高质量著作，不断充实和完善《天工巧匠——中华传统工艺集成》，使其成为一套文化自信、底蕴厚重的珍品丛书，为促进传统工艺振兴发展和推进传统工艺学术研究尽绵薄之力。

冯立昇

2024 年 8 月 25 日

目录

蒙古高原是人类历史上一个广阔的活动舞台，自古以来各民族人民在这里生活劳作，创造了辉煌灿烂的中华文明，并对世界文明产生了巨大的影响。蒙古族是在蒙古高原长久生活的主要民族之一，在他们的生活方式从狩猎到游牧的发展变化过程中，蒙古族弓箭起到了至关重要的作用。（图 1-1）

图 1-1　蒙古族传
统牛角弓、箭、靶

它对蒙古族而言——

是狩猎的工具，

战时的武器，

盛世的娱乐，

生命的守护考验，

勇士的标志，

教诲子孙的"书本"……[1]

① 斯钦图等编著：《射箭之乡巴林》，内蒙古文化出版社 2006 年版，第 4 页。

第一节　蒙古族与弓箭概述

在以蒙古高原为中心的亚洲北方草原自然环境中，阿尔泰语系众多民族在其形成、发展的过程中创造了适应草原生态环境的生产生活方式和草原文化。蒙古族便是其中之一。

弓箭是弓和箭的合称，是一种可以射击远距离目标的抛射工具。它把人体的力和物体的弹力结合起来，人在拉弓弦的过程中蓄力，然后利用瞬间爆发的力量将搭在弓弦上的箭射出去击中远处的目标，杀伤力较强，命中率较高。（图1-2）这项简单而又伟大的发明，使得人类从此可以从较远距离准确并有效地射杀猎物或敌人，不必再冒着巨大的风险近身肉搏。弓箭的发明和使用

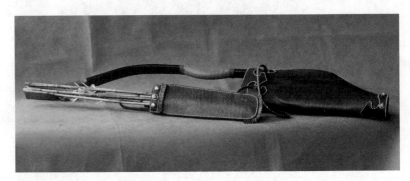

图1-2　蒙古族牛角弓和箭

在全球范围内具有普遍性，全世界许多民族都有发明和使用弓箭的纪录，诸多民族早在新石器早期已经发明了弓箭。中国在新石器早期已经发明使用弓箭了，通过从我国各地出土的箭镞可以证明这一点。

一、蒙古族弓箭的起源

弓箭的起源要从原始社会说起。原始社会经历了原始人群和氏族公社两个时期。氏族公社又经历了母系氏族公社和父系氏族公社两个阶段。从旧石器时代晚期到中石器时代，人类的生活方式就是洞居或巢居，生产方式是采集和狩猎。人类最早的射箭活动，可能就是在这样的背景下孕育而生的。[①] 古代很多北方游牧、游猎民族在日常捕获猎物的过程中，逐渐使用比投石、扔棒更为有效的狩猎工具，如投矛器、脱柄骨镖等投掷工具，并在此基础上进一步发明了弓箭。正如人类学家库辛认为的，原始的弓箭是从投掷棒即标枪等投射器派生而来的。[②] 弓箭优于任何投掷工具，它可以通过瞄准提高命中率，弓箭的射程远远超过了一般的投掷工具。它是猎获善于奔跑的动物的有力工具，是古人对以往工具技术的发展，是具有革命性意义的历史坐标。正如恩格斯所说："弓、弦、箭已经是很复杂的工具，发明这些工具需要长期积累的经验和较发达的智力。"弓箭的诞生，说明原始人类已经知道怎样利用物体的弹力，同时注意结合人体的力量，巧妙地获取更多的猎物，以满足生存和生活需要。工具的使用不仅使"人类已开始能够扬弃单纯的自然存在，超越动物与自然的狭隘关系，从而自觉地把自身与自然区分开来"[③]，并能将人体基本的活动能力如跑、跳、投等，运用到生产和生活中去，而且还能不断地创造和改善生产工具，以提高生产生活效率。

自古以来，生活在草原上的原始人类大多是游牧民族。通过

① 罗时铭：《传统射箭史话》，社会科学文献出版社2016年版，第1页。

② 仪德刚：《中国传统弓箭技术与文化》，内蒙古人民出版社2007年版，第2页。

③ 崔乐泉主编：《中国体育通史第一卷》，人民体育出版社2008年版，第11页。

蒙古国及内蒙古地区出土的新石器时代的箭镞以及古代弓箭射猎岩画可以证明，蒙古族先民在两万年以前即旧石器时代末期、新石器时代初期就使用了弓箭。[①] 在蒙古国中石器时代（旧石器时代和新石器时代之间的过渡期）遗存中，克鲁伦河 9 号遗址、东戈壁省的杜兰内戈维附近，发掘出大量用灰色、黄灰色和绿色叶状石片制成的石镞。片状石镞是由薄而长的刀状石片的末端制成的，从两头削尖，横截面为三角形或四边形。根据加工技术和外形判断，这些石镞属于中石器时代末段至新石器时代初期。[②] 查干高勒河起源于乌布苏省萨吉勒苏木的图尔格尼努尔山，注入乌日格诺尔湖，在查干高勒河谷的狭窄处，有一处陡峭的凸出，名为莫若。在该地的灰色和灰绿色山岩上画着单个或者成群的盘羊、山羊、骆驼、人类、狗和公牛的图案，共有几百个。（图 1-3）我们可以判定这些岩画属于中石器时代，在东面最大的岩石（4 米 ×8 米）的水平表面上凿着几十头公牛的图案，在公牛

① 双金编著：《那达慕》，内蒙古大学出版社 2016 年版，第 100 页。

② ［蒙］D. 策温道尔吉、D. 巴雅尔、Ya. 策仁达格娃、Ts. 敖其尔呼雅格，［蒙］D. 莫格尔俄译，潘玲、何雨濛、萨仁毕力格译，杨建华校：《蒙古考古》，上海古籍出版社 2019 年版，第 52 页。

图 1-3　莫若岩画

之间又画着二十多只山羊和狗。还有一个人正在猎杀一头公牛，另外有个人牵着一头牛。这说明世界上第一种远射武器——主要利用木料的弹性制成的弓箭出现于中石器时代。包括我国在内的欧亚大陆发现的大量石镞都可以证明这一点。①

北方游牧民族大部分延续着狩猎、游牧的生产生活方式，匈奴、鲜卑等北方游牧民族很早就开始广泛使用弓箭，并保持着"长于射猎、喜于射猎"的传统，以"控弦之兵"而闻名于世。关于匈奴首领冒顿单于曾在阴山南北开辟专门"制作弓矢"的场所等记载充分证明弓箭在历史长河中一直发挥着重要的作用。除此之外，内蒙古高原岩画题材中大量出现和弓箭相关的符号、拿着弓箭的猎人、骑马拿弓箭的猎人、弓、箭镞等，它们能够帮助我们去复原或重构蒙古族先民曾经用弓箭狩猎的生产生活场景和战争画面。

蒙古族先民通过狩猎能获取食物，还可以得到其他必要的生产资料，如兽类的毛皮是人类御寒的衣料，骨、角、筋是制造武器的重要原料，脂肪是照明的燃料。最早的弓是以单根木料弯曲而制成的，以动物的筋、皮条等材料做弓弦。这种单木弓在蒙古语里称为"哈布其海"。《蒙古语辞典》中关于该词有两种解释：一是指没有弓背、弓面的简单弓，二是指单木的儿童弓。②斯钦图等编著的《射箭之乡巴林》一书中对单木弓解释如下："它是用手指粗柳条弯曲而成，用麻绳作为弓弦的儿童弓。"时至今日，内蒙古地区的孩子们学习射箭时也会用这种单木弓练习，箭是一头削尖了的细木棍。

随着弓箭制作技术和使用技巧的不断提高，蒙古族先民学会了在箭的一端装上石片或骨头制成的箭镞，以提高箭矢的杀伤力。内蒙古博物馆的藏品中也有很多箭镞，其中最早的是新石器时代石镞。从相关民族学资料来看，人类最初制作的箭镞多以

① [蒙] D. 策温道尔吉、D. 巴雅尔、Ya. 策仁达格娃、Ts. 敖其尔呼雅格，[蒙] D. 莫格尔俄译，潘玲、何雨濛、萨仁毕力格译，杨během华校：《蒙古考古》，上海古籍出版社2019年版，第54页。

② 哈斯毕力格、玉兰等编辑：《蒙古语辞典》，内蒙古人民出版社2017年版，第1103页。

① 罗时铭：《传统射箭史话》，社会科学文献出版社 2016 年版，第 3 页。

② 仪德刚：《中国传统弓箭技术与文化》，内蒙古人民出版社 2007 年版，第 1 页。

木、竹之类为原料，用石或骨打制应该是更晚的事，所以弓箭的历史可能还要早一些。① 后来，人们还学会了在箭的尾部装上鸟类的羽毛，以增强箭矢飞行的稳定性，甚至还掌握了制作简单的复合弓的方法，增强了弓的强度和韧性。

弓箭的发明与使用在全人类历史上具有普遍性，中国在新石器时代就发明了弓箭，中国传统复合牛角弓的发明和使用是世界弓箭发展史上具有代表性的经典案例。（图 1-4）从目前掌握的资料来看，复合牛角弓自春秋战国时被使用，至清末退出历史舞台，在两千多年里，中国传统复合牛角弓的合成材料、结构没有发生明显的变化，只是因不同地区、时代、民族的喜好等时断时续地产生一些形制上的改变。从选材的合理性、制作的复杂性、使用的耐用性等方面来看，两千多年前的复合牛角弓制作技术已经相当成熟。② 这是全人类在长期使用弓箭的生产生活中智力发展和经验积累的结果。所以弓箭技术的成熟不是一蹴而就的，而是经过全人类日积月累的摸索而逐步完善的，从最原始的单木弓，发展到稍加改造的加强弓，最后到性能完善的复合弓，经历了相当漫长的岁月。

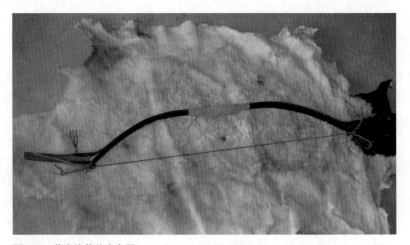

图 1-4　蒙古族传统牛角弓

二、蒙古族弓箭的发展

（一）弓

19世纪末以来，世界上有不少弓箭研究者采纳英国考古学家奥古斯都·皮特·里弗斯的三分法：根据弓身构造，将弓箭分为单体弓、加强弓和复合弓三种。常见的弓箭发展演进轨迹，一般为：从单体弓到加强弓再到复合弓。蒙古族的弓箭发展历程也不例外，也是从简单到复杂。

单体弓，是指单木弓，弓身基本用一根木或竹材料加工制造而成。单体弓制作简便，可由于弓体的弹力有限，多数情况下张力不足。所以单体弓需要通过加大体积来弥补张力的不足。这就导致其形制笨重，不便携带和使用。

加强弓，是指用相同或相近材料叠合而成的弓。这是对单体弓强化改良的结果，可以说是介于单体弓和真正复合弓之间的产物。直至当代，我国北方少数民族依然保留着这项传统的制作技艺。如鄂伦春族，他们是以落叶松或榆木制造弓身，再以鹿或犴的筋加强；鄂温克族则用黑桦木做弓身的里层，用落叶松木做弓身的表层，两层之间夹垫鹿或犴的筋，并以鱼皮熬制的胶将各部分粘牢；赫哲族用水曲梨木做弓身，成形后以鱼鳔胶将鹿筋黏合于弓身。这些都可以说是典型的加强弓。这些实例足以说明，在北方草原弓箭的发展进程中，加强弓是单体弓向复合弓发展的过渡阶段产物。

复合弓，是指以木料作为内胎，以牛羊类角质粘贴于弓面，弓背铺筋丝，上弦呈反向弯曲状的弓。复合弓的原材料多为有机物，在长期的埋藏环境中极易被分解，这是古代复合弓很少留存至今的原因。复合弓的弓身使用多种不同的材料复合制造而成。蒙古族复合牛角弓的典型特征是反曲度较大，弹性较好，质量较轻。单木弓发明后，因为其材料单一，人们要想提高弓的力量及耐用性时会有一定的限制。虽然也可以使用单一的木材和绳子做出张力很大的强弓，但是这样的弓身很长且笨拙，难以拉开。随着蒙古族先民逐步积累做弓经验，加强弓逐渐被发明出来。蒙古族先民把类似的材料合为一体，还会把几种不同弹性的材料粘在一起，从而增加弓的力量。性能比较优越的加强弓，必须用多种不同的材料组合而成。但是无限制地叠加同一种材料，不但会增加弓体本身的厚度和重量，还会使弓体的弯曲形变受到限制。这就要求制弓匠必须熟悉不同材料及胶的特性，知道湿度和温度对材料性能的影响，以及如何准确地组合不同材料，使其具有更大的承受力。

刻有最早的回鹘体蒙古文文献《也送格石碑》（也称《成吉思汗碑》）的石碑于 1818 年被俄罗斯考古队发现，之后有不少人释读研究，目前被收藏于俄罗斯圣彼得堡。此碑通高 202 厘米，通宽 74 厘米，无题识，不署年月，从内容推断，当立于《蒙古秘史》中的鸡儿年（公元 1225 年）。因为此碑以"成吉思汗"名字起首，学术界都称之为《成吉思汗碑》。该碑有文字五行，为带点回鹘体蒙古文。碑文大意是：成吉思汗西征返回营帐，召集全蒙古那颜（官员）在卜哈忽只该（今俄罗斯境内额尔古纳河的支流乌卢龙贵河畔）举行大呼拉尔（大型聚会）之时，也送格（哈撒尔之子）在射箭远射比赛中，射出了 335 度（相当于现在的 550 多米）的好成绩。这么远的距离应是复合牛角弓才能达到的射程。如果单体弓或者加强弓要达到这么远的射程，需要不断地叠加材料来完成，这会使弓箭无法拉动或者携带不便，这与当时的情况不吻合。由此可以推断，当时使用的应该是复合弓，且这种复合弓在当时使用相当普遍。（图 1-5）

图1-5　蒙古族传统牛角弓和箭

图1-6　骨鸣镝（内蒙古博物院藏）

（二）箭

蒙古族箭根据不同的形状，可分为弯镞箭、鹰尾箭、梳形箭等；根据构造不同，可分为生铁箭、敖克图勒部日·苏木（指箭镞前端整齐的箭）等；根据其用途可分为毒箭、招福箭等；根据做法不同可分为响箭、驼骨箭、披针箭（以削尖的木头作箭头，以雕的羽毛为箭翎）、鞭箭等。其中，响箭即鸣镝，"鸣"意为响声，"镝"意为箭头，"鸣镝"是指射出时箭头能发出响声的箭。据《史记》记载，鸣镝是匈奴单于冒顿所创的一种武器，具有攻击和发出信号的作用，一直为中国古代北方游牧民族所沿用。（图1-6）

箭体分为镞、箭杆与箭羽三部分。箭作为与弓配合使用的武器，在弓发展演进的同时，自然也在同步发展。较原始的箭只是一根树枝，由于木质材料容易腐朽，难以保存至今，但是早期石质或骨质的箭镞却能够保留下来。（图1-7、图1-8、图1-9）

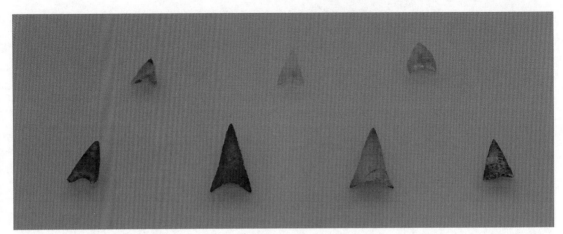

图1-7　哈克遗址出土的新石器时代的石镞（内蒙古博物院藏）

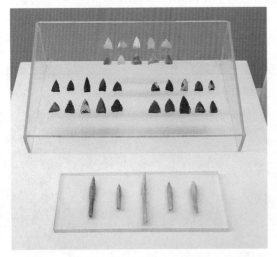

图1-8　石器时代的石镞和骨镞（内蒙古河套农耕文化博物馆藏）

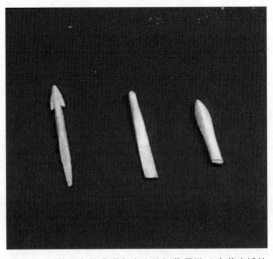

图1-9　呼伦贝尔扎赉诺尔出土的汉代骨镞（内蒙古博物院藏）

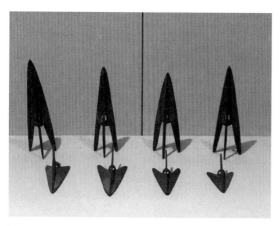

图 1-10　呼伦贝尔市新巴尔虎左旗嘎拉布尔出土的青铜镞
（内蒙古文物考古所藏）

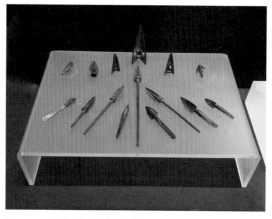

图 1-11　汉代青铜箭镞（内蒙古博物院藏）

目前出土的大量箭镞，从材料分类，有石、骨、红铜、青铜、铁、钢、银等。石镞为新石器时代产物，是典型的细石器。石镞的几个平面呈凹底三角形，尖端及两侧锐利，还可以分为石髓、水晶、玛瑙质地。北方狩猎、游牧民族的生产生活方式是骨镞大量生产的先决条件，骨镞有驼骨、牛骨、鱼骨和各种兽骨之分。骨镞多为演练、竞技、狩猎时用。青铜镞是最为常见的镞。（图 1-10、图 1-11）红铜易腐蚀，故遗存至今的红铜镞十分罕见。银镞是礼仪性镞，多为鸣镝。随着制镞技艺的发展，形成以铜代骨又以铁代铜的趋势，并且出现铁尖铜铤、青铜尖红铜铤等混合型镞。依据形状，镞可分为带铤镞与无铤镞两大类。带铤镞多呈扁平柳叶形、扁平菱形、扁平凿形、双翼形、三棱形、圆锥形、铲形，也有一种前后端倒刺形弯钩镞。骨镞和铁镞多带铤，其铤有长有短，呈圆形或扁形。无铤镞多呈三翼形、扁三角形、四棱形、双翼双尾形、针尖圆底形、燕尾形，石镞及多数青铜镞为无铤镞。（图 1-12、图 1-13）

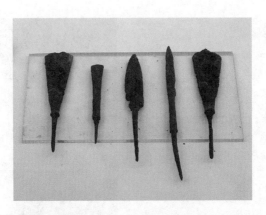

图 1-12　元代铁箭镞（内蒙
古河套农耕文化博物馆藏）

图 1-13　辽代铜箭镞（内蒙古博物院藏）

　　目前传统射箭比赛和训练中所使用的箭镞都是钝箭头，这
种箭头杀伤力较小，比较符合当代传统射箭运动的发展需求。
（图 1-14）

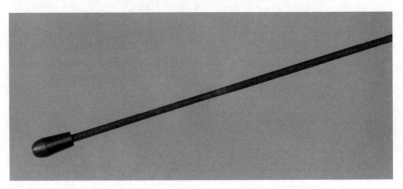

图 1-14　钝箭头

（三）弓袋和箭囊

弓袋和箭囊（又称箭壶、箭袋、箭箙等）是弓箭的重要配件。（图 1-15、图 1-16）雨雪的侵袭，甚至温度、湿度的变化，都会影响弓和箭的正常使用，削弱张力，严重时还会导致其完全损坏，所以弓和箭不论存放还是使用时都得保持干燥的状态。除了在弓和箭表面刷漆或者包装（以蛇皮、桦树皮包装）以加强保护，防止雨雪对弓和箭内部结构的侵蚀之外，还需要采用不透水的皮革或木材制造携带弓箭的工具。弓装于弓袋中，箭装于箭囊中。弓袋和箭囊悬挂于战车、马鞍或射箭手腰间。弓袋和箭囊不光是携带用具，在野外宿营时还可以充作枕头。

图 1-15 蒙古族皮制弓袋

图 1-16 蒙古族皮制箭囊

第二节　蒙古族与弓箭的历史发展

蒙古族与弓箭有着千丝万缕的联系。弓箭起初是蒙古族先民的狩猎工具，后来发展为战争时代的武器和现在的体育娱乐用具，它一直都是蒙古族人民精神文化的重要载体之一。

一、狩猎的工具

生活在蒙古高原的各族先民们的主要生产方式是狩猎和游牧。蒙古族各部落先民生产方式经历了狩猎——半狩猎半游牧——游牧的发展过程。蒙古族从千百种大型野生哺乳动物中选择和驯养了后人以其驯化民族命名的五种家畜——蒙古马、蒙古牛、蒙古骆驼、蒙古绵羊和蒙古山羊，将其培育成为人类稳定的衣食住行来源。[①] 驯化动物是人类的智慧与意志力相结合的结果。蒙古高原的岩画中描述的骑马人用弓箭在狩猎（图1-17）、手持弓箭者用鼻绳牵着一头赤鹿等画面表明，远古时期的人类对各种野生动物都做过驯化尝试，从而得知有些动物可驯化为家畜，但有些动物不可被驯化。蒙古族先民将所驯化的家畜培育为与蒙古高原严酷自然环境高度适应的畜种，同时建立了长期经营草原

① 齐木德道尔吉主编：《天之骄子——蒙古族上册》，上海文化出版社2017年版，第47页。

图1-17　北方岩画中猎人持弓箭狩猎场景

畜牧业的社会制度，驯养家畜使其成为人类生产与生活的可靠帮手，并创造了通过畜牧业生产所需的成套工具和衣食住行用具，加工、制作和储存肉、乳、皮、毛等畜产品的技术工艺体系。这样一个技术工艺体系给蒙古族弓箭制作技艺的发展创造了良好的条件。这些岩画中都有弓箭符号，足以说明弓箭在当时是一种重要的生产工具。在蒙古族先民狩猎和驯化动物的过程中，弓箭起到了保护人类和充当生产工具的作用。

二、战时的武器

蒙古族先民以骑马、狩猎、放牧为生，主要兵器为弓箭。由于早期生铁稀缺，矢镞以骨制成，有的蒙古族弓是用骆驼骨制成的。内蒙古漠北草原上曾有一个部落，在成吉思汗领导下，迅速发展为一个疆域辽阔、军事强大的帝国，成为人类战争史上的一大奇迹。创造这样的奇迹的主要原因是强大的军事力量，即蒙古族铁骑大军。《元史·兵志》记载："元起朔方，俗善骑射，因以弓马之利取天下。"可见蒙古马与弓箭对蒙古族铁骑的重要性。蒙古族铁骑最擅长的武器就是弓箭。根据史书记载，元代蒙古族军队使用的弓箭弓力都是一石[1]以上的，箭杆用沙柳木制成，骑兵在马背上时最常用的一种弓是"顽羊角弓"，角面连弓把共长三尺（3尺约为1米）。[2] 随着材料的增多和制造技术的提升，人们创造了各种兵器，但是蒙古族最擅长的还是弓箭。蒙古族弓箭除了扮演生产生活工具的角色，还是重要的军事武器。（图1-18、图1-19）

蒙古族从狩猎到征战，无一例外采用密网布阵法。据《黑鞑事略》《柏朗嘉宾蒙古行纪》《鲁布鲁克东行纪》《世界征服者史》等史书记载，蒙古族军队打猎或围剿敌人时经常运用的阵势叫围猎阵势。围猎阵势的外形为一种密集、整齐的圆圈。蒙古族

[1] 一石（dàn）为120斤，合60千克。

[2] 齐木德道尔吉主编：《天之骄子——蒙古族下册》，上海文化出版社2017年版，第131页。

图 1-18　蒙古族士兵行军场景

图 1-19　蒙古族骑兵作战时的射箭场景

军队在打猎时，首先把士兵以小组为单位编成三至四排，各排间拉开一定的距离同步向前进。同一排的士兵间则形成肩并肩围绕猎场的阵势。这种阵势，即使是在森林地带也不会漏掉猎物。这种阵势的特征为，越接近目标，其密度越大，最后把猎物紧紧地围在由几层人圈构成的圆阵内。围猎既是古代蒙古族的一种打猎方式，也是一种作战方式，平时用来打猎、训练士兵，作战时则用来围剿敌人。蒙古族是一个"且牧且猎"的游牧民族，为了获取更多的猎物，蒙古族人在狩猎时常常联合起来，将野兽团团围住再猎捕。这种方式，蒙古族人称为"打围"、"搜狩"或"围猎"。围猎既可以锻炼骑马追逐的本领，也可以培养协同配合的能力，又可以提升射箭技术，所以蒙古族人把它作为一种军事训练方式，用以提高军队的战斗力。

　　成吉思汗非常重视围猎训练，认为这种训练是一种实战演练。通过围猎训练可以使士兵熟悉弓马，了解军事活动的步骤和形式，培养吃苦耐劳的品质。蒙古族人一般在初冬举行大猎，大猎范围往往达 50—100 平方千米。他们会先派哨骑前去探查猎物情况，然后组织各路人马，排好队形，形成巨大的包围圈，并逐步向中心推进，将猎物赶到一起。当包围圈缩小到一定程度时，便用绳索连结起来，上面覆以毛毡，由一部分军队围着圈子警戒，防止猎物逃遁。然后蒙古大汗首先入围行猎，接着贵族、将领和士兵相继入围射猎。几天以后，猎物几乎被猎取殆尽，统治者便下令将残存者释放，以示恩德。除了这种大猎之外，小规模的围猎活动更是经常不断。围猎作为战备训练制度，对建立和培养军事后备力量发挥了极其重要的作用。据《黑鞑事略》所述，蒙古族在儿童时期，便由长辈用绳子和木板捆扎在马背上进行骑马的启蒙训练，熟悉弓马后便经常参加狩猎。所以长大以后，他们都成了蒙古族军队中能骑善射的"骑兵"。（图1-20、图1-21）以围猎形式进行军事训练的传统制度，自蒙古汗国至元朝一直延续下来。忽必烈在上都开平（今内蒙古正蓝旗境内）周围建立了三个很大的猎场，每年举行大规模围猎活动，其侍卫亲兵及草原上的蒙古贵族都要参加这一活动。如果把这种围猎阵形运用到军事中，那就是古代蒙古族军队的主要阵形之一——圆阵。《蒙古秘史》《史集》《十七世纪的蒙古编年历》等史书所描写的成吉思汗军队的阵形一般都是这种圆阵（围猎阵）或者半圆阵。

图1-20 清末蒙古族弓箭手

图1-21 清末蒙古族弓箭手

三、盛世的娱乐

蒙古国建立后，围猎逐渐变为大汗和各级那颜喜好的带有军事演习性质的娱乐活动。围猎通常在自秋至冬的五六个月中举行。围猎时，属民都得参加，负责整治通道，布置围场，驱赶猎物，并拾取主人射中的猎物。围猎期间，人们只吃猎获的野物，这实际上是对畜牧业生产的补充，与此同时也形成了弓箭娱乐活动的雏形。从军事训练中演化出以生产、训练为主，以娱乐为辅的狩猎文化，即射箭娱乐活动。然而在草原民族的男子与自然的搏斗和社会的生存竞争中，除了射箭以外还必须掌握摔跤、赛马，这就是蒙古族"男儿三艺"，也是蒙古族那达慕大会的体育竞技娱乐活动。在成吉思汗统一北方草原后，各部聚集到一起商议要事，并举行射箭、摔跤、赛马比赛，这既是娱乐，也是练兵，可以培养崇尚力量的民族意识。蒙古族祭祀敖包已经有数百年的传统。据史书记载，在成吉思汗时代，每逢大事或出征作战，他定要亲自到神山之下，摘帽挂带，虔诚祈祷，以求长生天保佑。祭祀敖包之后都要举行那达慕大会。那达慕大会的历史源远流长。蒙古族弓箭就通过祭祀敖包、那达慕大会等民俗仪式流传至今，从军事武器慢慢转变成娱乐健身的用具。（图1-22）

蒙古族与弓箭的关系变化过程也是弓箭文化发展变化的过程，就如蒙古族传统牛角弓制作技艺，从单木弓到复合弓是一个不断变迁、不断完善的过程。

四、生命的守护神

蒙古族人一生都爱护弓箭，离不开弓箭。孩子刚一降生，长辈们就在孩子的摇篮上挂青铜箭头以辟邪；待孩子周岁时会为其举行射箭比赛；刚学会走路就为其准备弓箭；孩子长大成人后会

图 1-22　蒙古族射箭手们参加那达慕大会

佩戴弓箭娶亲；而后分灶成家搬进新的蒙古包的时候，会在蒙古
包的圆顶上插上箭以祈求全家安康；跨上马背远征的时候弓箭是
最好的武器；一个人最终离开人世后，亲友还会在其墓地插上一
枚箭以祈福安息。（图 1-23）如此看来，蒙古族人的一生都与弓
箭息息相关，正如成吉思汗的弟弟毕力古台说的：

  被敌人抢去弓箭，

  活着还有什么意义？

  降生为大男儿，

  与弓箭同逝善哉！

图 1-23 蒙古族射箭手的基本装扮

第二章 蒙古族传统牛角弓制作技艺

蒙古族传统牛角弓是双反弯曲的，由多种材料黏合而成的复合弓。蒙古族弓箭制作技术不是一蹴而就的，而是经过蒙古族先民日积月累的摸索逐步成熟的。从最原始的单木弓制作技艺到稍加改造的加强弓制作技艺，最后到性能完善的传统牛角弓制作技艺经历了相当漫长的岁月。

第一节　蒙古族传统牛角弓制作技艺的价值

蒙古族军队之所以战斗力强，其主要原因便是蒙古族男子从小就学习"男儿三艺"。蒙古族男儿认为立身处世有三项必须学会的技艺，就是骑马、射箭、摔跤。这三种技能的完美结合在冷兵器时代帮助蒙古族创造了辉煌的历史。这与蒙古族人长期游牧狩猎的生产生活方式密不可分。残酷的生存环境和频繁的征战，迫使蒙古族男儿自幼开始学习射箭，掌握骑射本领。在狩猎和实战中蒙古族骑兵练就了非常灵活的骑射战术，如：迅速冲到敌军近处；从远处放箭袭击；忽然遁去，用强弓从远距离攒射；依靠灵动性，迅速拉开距离放箭等。"男儿三艺"至今依然是蒙古族"那达慕大会"上必不可少的传统体育项目。

蒙古族传统牛角弓是蒙古族传统手工技艺的产物，不能用任何其他弓箭来取代。其价值主要体现在以下四个方面：

一、历史价值

蒙古族传统牛角弓制作最早可以追溯到汉朝，至今已有两千多年的历史。古代蒙古族人利用它进行狩猎和战争，后来演变成那达慕大会的主要组成部分。（图 2-1）

图 2-1　放在皮质弓套里的蒙古族传统牛角弓

二、文化价值

弓箭具有重要的文化价值，蒙古族人视弓箭为护身符，把箭镞挂在婴儿摇篮上，保佑孩子平安无事；用柳条等制作弓箭模型挂在门框上，标志这家刚刚生有男孩。特别是《蒙古秘史》中记载的圣母阿阑豁阿"五箭教子"的故事，讲述了这位圣母培育了包括成吉思汗在内的众多勇猛善战的蒙古族英雄。

三、工艺价值

蒙古族传统牛角弓制作工艺精湛，工序复杂。每道工序均要求手艺人具有扎实的基本功，同时要求手艺人十分熟悉制弓原料的材质与特性。这些技艺是蒙古族人在长期生产生活实践中总结出来的，是蒙古族人勤劳智慧的结晶。

四、科技价值

弓箭是人类在原始狩猎游牧时期发明创造的远程射击武器之一，使人类延长了臂膀，增强了力量。蒙古族先民在日常生产生活中不断积累经验与技术，进一步完善了弓箭的制作技艺与使用技巧。所以说，弓箭中蕴含着蒙古族人对力学、材料学、热学、生物学、化学等多学科的认知，具有十分重要的科学技术价值。蒙古族传统牛角弓所蕴含的这些科学技术基因，与现代玻璃钢弓的科技原理具有相通之处。

第二节　蒙古族传统牛角弓制作技艺述要

在制作蒙古族传统牛角弓时，应挑选适合做弓的竹、木、牛角、动物筋等多种原材料，再用动物胶粘贴合成弓。其中牛角是产生弹性的主要原材料，所以称之为牛角弓。制作一把牛角弓工序复杂，需要花费漫长的时间和巨大的精力。

一、蒙古族传统牛角弓及箭的制作工序

在蒙古族传统牛角弓的制作工艺中，选材取料是制作良弓的前提与基础。材料包括水牛角、牛蹄筋或牛背筋，弹性很好的竹、桦木、荆木等。蒙古族传统牛角弓制作技艺传承人用各种工具，通过烦琐的一百多道工序，依据相应的季节和温度要求加工

原材料，制成牛角弓的重要部件后，再用动物胶黏合包装。

（一）蒙古族传统牛角弓的制作工具和材料

蒙古族牛角弓制作技艺传承人在制作弓时要做好充分的准备。首先要检查工具，在制作过程中需要多种工具，所以要在制作牛角弓之前检查工具是否丢失或者损坏；然后备好制弓材料，蒙古族传统牛角弓是由几种不同材料合成的复合弓，所以在制作之前一定把材料准备齐全。

1. 工具

蒙古族传统牛角弓制作工具多为手工器具，也有少量机械用具。如：桌子、板凳（压马）、弓枕、模具、锯刀、刮刀、木锉、锛、斧、铁锤、推刨、刷子、木槌、天平、筋梳子、打磨器（电动砂轮、抛光轮）、矫正架、压角机、木架子、绳子、尺子、弓力秤、加温锅、冷却锅等。

2. 材料

竹子：制作蒙古族传统牛角弓时，竹竿要粗壮、结实，采伐后的竹子要经过一年时间阴干。通常以敲打竹子听声音来判断其优劣。上下两端粗细不均或者中间有虫眼的竹子不能用。如今蒙古族人都是从外地采购竹子，所以在购买的时候还需要考虑运输和使用时的损耗。

牛角：制作一张牛角弓一般要用两只水牛角。水牛角的长度最好在 60 厘米以上。（图 2-2）

牛筋：主要取自牛背上紧靠脊梁部分的一块筋。用传统方式处理成牛筋丝。（图 2-3）

鳔：鳔是粘贴各种材料所用动物胶的统称。鳔是蒙古族传统牛角弓制作中不可或缺的粘贴材料。鳔的质量直接影响制弓质量。蒙古族先民最早使用的是鱼鳔。鱼鳔的制作方法：先将鱼泡

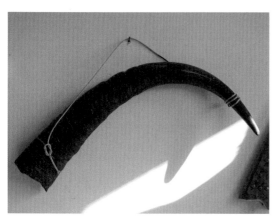

图2-2　水牛角

图2-3　处理好的筋丝

用清水洗净，再用温水泡，使鱼泡涨开。泡过一段时间以后，将鱼泡放置在容器内，用慢火熬制（图2-4）。待熬到一定程度以后，将其捣烂成糊状，然后过滤，除净渣滓及硬块。使用时，要加点儿热水稀释。鱼鳔虽然是制弓行业中最早使用的黏合剂，但是目前更常用的是猪皮鳔。蒙古族传统牛角弓制作技艺非物质文化遗产自治区级代表性传承人诺敏说："鱼鳔虽好，但是原材料少，成本高；猪皮鳔也不比鱼鳔差，而且成本较鱼鳔要低很多。"猪皮鳔的制作方法是用碱水将猪皮洗净，然后用文火慢慢熬煮。

煮到一定程度后用筷子戳一戳，以一戳就能穿透猪皮为宜。之后把猪皮放在锅里捣烂，继续熬至粥状后，进行过滤，弃掉其中的渣滓及杂质，阴干后切成条状或者丁状存好备用。使用时按照需求量用热水调其黏稠度即可。诺敏说："粘贴弓的各类材料时，鳔的温度和黏度非常重要，我们在测试温度的时候要用舌尖尝试，以不觉得过烫为好，测试黏度的时候，以刷子蘸着鳔刚好滴下为宜。"

图2-4　熬制鳔

所以鳔的温度与黏度是弓箭制作过程中的关键因素，温度过高会把筋烫得失去弹性，过低会影响牢固度。

弓弦：蒙古族传统牛角弓的弓弦是使用牛皮弦制成的。牛皮弦是用牛皮编成的绳子，类似于牛皮鞭。牛皮是蒙古族牧民日常生活中最常见的副产品，在蒙古族人手中它可以做成多种用具，如绳子、鞭子、靶、弓弦等。它比较结实，是蒙古族的必备物品之一。但是现在的传统牛角弓不再用于战争，为了追求弓力的标准化和弓的美观，一般多配棉线弦或尼龙线弦。

（二）蒙古族传统牛角弓、箭的结构和制作流程

由于蒙古族传统牛角弓、箭制作技艺流程比较烦琐，所以非常有必要在介绍流程之前先把弓、箭的结构介绍清楚。

1. 蒙古族传统牛角弓的结构

蒙古族传统牛角弓的主体结构为：内胎为竹，外贴牛角，内贴牛筋，两端安装木质弓弰。弓在释放弦后会缓慢呈反曲弧形。蒙古族弓主要分弓把、弓胎两身、弓弰和弓弦四个部分。弓体的中部是执弓的握把位置，被称为"弓把"，是由内部的"梁子"及外包的牛筋和桦树皮或者动物皮组成。弓两端介于弓身与弓弰

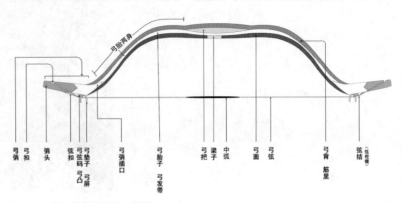

图 2-5 蒙古族传统牛角弓结构

之间弯折的部分称为弓胎两身，其外侧叫弓背，内侧叫弓面，中间部分叫弓胎。弓弰是由弰头、弓弦码、弓垫子、弓弰插口等组成。弰头与弓弰接触处开有一个凹形口，称为"弓扣"，起到挂弓弦的作用。弓弰外侧有小块牛角或者骨头，称为"弓弦码"，起到垫弓弦的作用。弓弦是由弓扣、弦结、中弧等部分组成。（图2-5）

2. 蒙古族传统牛角弓制作流程

制作弓胎：制作蒙古族传统牛角弓时首先要制作一把单木弓（或竹弓），这是角弓的雏形，也是复合弓制作的第一个步骤，这把单木弓就叫弓胎。一般用弹性较好的竹木材料制作弓胎。（图2-6）人类使用复合弓之前，就使用这种简单的单木弓，现在也有一些地区仍然在使用单木弓进行狩猎，如非洲的坦桑尼亚。弓胎的好坏直接决定复合弓的质量。一定要选用多年生并且节长的竹子。竹子在阴干后按所要制作弓的长短，断节取竹。

图2-6 挑选制作弓胎的竹子

图 2-7　加工竹子

　　制作弓胎一般在冬天。首先要挑选阴干后的竹子并砍出竹胎。第二步要锯掉粗细不均匀的两端，选用中间比较平直的部分。（图 2-7）第三步是弯竹胎。将砍好的竹胎准备折弯的部位用文火烤热，用力弯曲竹胎，使其形成一个竹表面在外的圆弧形。过去用炭火烤，现在则使用煤气等。第四步需要固定竹胎。圆弧形竹胎初步完成以后，要将它支撑在门与地面之间或者用其他支撑方式，将其固定成弯曲形状，一般要保持一天左右。

　　插入弓弰：弓有长弰弓和短弰弓之分。弓弰的长短是区别传统弓类型的简单标准。蒙古族传统牛角弓是典型的短弰弓。插入弓弰时首先要根据弓胎的大小制作弓弰，按照弓胎的尺寸把木材砍成有一定弯度的四菱柱形木块，长度约为弓身的四分之一。（图 2-8）然后根据弓胎的形状修理弓弰，并把弓弰粘在弓胎的两端。要依据弓弰末端的锥形尺寸画出"V"形槽口，然后用锯子锯出槽口，把弓弰插入后进一步修整。（图 2-9）

图 2-8 制作弓弰

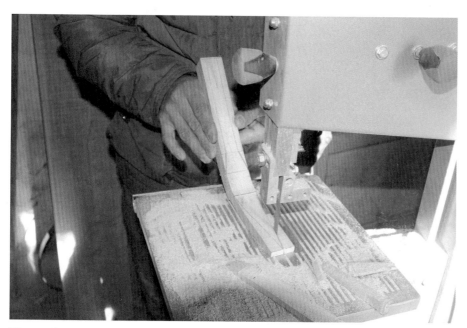

图 2-9 在弓弰锯出"V"形槽口后插入弓胎

弓弰插入后要检查弓弰和弓胎是否调整到一个平面上，这是一个非常关键的环节，直接关系到弓的好坏。它也是一个检查蒙古族传统牛角弓制作技艺传承人眼力的环节。如果在检查过程中发现不合适，就要用木锉子进行矫正。最终通过多次试用后，才分别给它们刷猪皮鳔粘住。

粘贴"望把"：首先要在弓胎的内表面正中间砍出一块粘贴"望把"的地方。砍的深度大约是整片竹子厚度的一半。传统牛角弓制作技艺传承人会用锯和锛子砍出其初始的形状，再用锉子将其锉平。然后在砍制好的"望把"木上刷鳔，稍干后即可把它们粘在一起。为使其粘得牢固，要使用板凳或压马和走绳等工具进一步固定。一般要经过一天的时间才能粘牢。（图2-10）

图2-10 粘贴"望把"

图 2-11　根据制弓长短锯开水牛角

　　粘贴牛角：首先把准备好的牛角外弧侧面锯下。（图 2-11）制作一张牛角弓时正好用一头牛的两只角。牛角用在弓胎上的只有很狭窄的细条，所以剩下的大部分都没有用。但是牛角粗的部分可以制成射箭时用的扳指（蒙古式射箭法护手指的用具），然后把锯下来的牛角侧面磨平后粘贴到弓胎上。（图 2-12）在出现机械化生产之前，磨牛角完全靠手工，是一个非常耗体力的工作。但是现在有了现代化机械工具，如电砂轮、抛光轮等，使用这些工具既省力又快捷。牛角的里外均需要打磨，特别是牛角里面必须打磨好，一般要打磨到宽度跟弓胎一样，厚度 3 毫米为佳。磨好的牛角面要用文火烤一下，待烤到牛角变软时，把牛角内侧面向上摆放，在牛角面上划出一道一道的条纹，使牛角涂上猪皮鳔后与弓胎粘得更为牢固。（图 2-13）

图 2-12　打磨水牛角

图 2-13　粘好牛角后要用绳子勒住使其粘牢定型

　　用木锉子在弓胎外弧面同样划出一道道条纹。要注意的是牛角靠尖的部位一定要铺在弓胎的中间，靠根的部位铺至弓端部。因为牛角靠尖部一侧硬度较大，这样可以使反曲的效果更强一些。如果牛角面比弓胎宽，在用绳子勒住时牛角面中间受力过大并且会鼓起来，就有可能破坏牛角面。所以对于宽大的牛角面要不断用锯和锉子修整，使其达到合适的尺寸。（图2-14）

　　平放"梁子"：弓胎粘贴在牛角面的正中时要留出一定的空隙，这是用丁放"梁子"的。"梁子"是指安装在弓面上两条牛角之间的部分，其材料最好是牛角上的最坚硬的角尖部分。"梁子"的原材料要按照弓面所需大小、尺寸锯好，用砂轮或者砂纸磨好。经过打磨的"梁子"外表规整光滑，然后再打磨弓胎面。牛角面的打磨程度要根据所选用的牛角的薄厚和弓的力量而定，一般没有标准，全靠传承人的经验。然后将"梁子"平放粘贴到弓面的两支牛角之间。要注意的是粘贴时"梁子"与牛角之间不

图2-14　用锉子修整弓胎

能留下任何缝隙，否则弓张开的时候这个地方容易鼓起来，使用多了就会出现问题。这道工序看似简单，但是关系到弓的质量，是做出好弓的关键步骤之一。

制作筋丝：牛筋是非常重要的弹性材料，主要选择牛背上紧靠牛脊梁骨的那块筋。首先将牛筋切好，放在室外晾干，用粗湿布将其裹住后砸成条状。（图2-15、图2-16）砸筋是一道很细致的工序，传承人要用木槌慢慢砸，砸的力量不能过大，也不能过小。如果力量过大会把牛筋砸断，只有慢慢砸才能将牛筋砸成条状，然后再一根一根地撕成筋丝。（图2-17）筋丝经整理打成捆，称好重量储存备用。（图2-18）用的时候需要将其提前浸泡在水里，泡的时间越久越好。在弓上粘贴筋丝时要用清水清洗，使筋丝光润。如果用浸泡时间不够久的筋丝，弓会在后期出现一道一道的裂纹，所以浸泡筋丝时一定要注意浸泡足够长的时间。

图2-15　木槌、牛筋、牛筋丝

图 2-16　砸筋

图 2-17　撕筋

图 2-18　称量筋丝

粘贴筋丝：先用温水将筋丝浸泡一下，浸泡时筋丝要平放。再把筋丝放在鳔里浸蘸，令其能够充分地蘸上鳔。然后把它们平放在筋板上，用梳子梳理平整，使每根筋丝都充分展开。根据牛筋的长短确定需要粘几道筋丝。粘第一层筋丝时要从中间开始，再向其中的一端铺去。待先粘完的筋丝经过一两天的时间阴干以后再粘向另一端。筋丝的层数直接关系到弓力的大小。普通的弓至少要铺三层筋。弓的力量一般从30磅到80磅不等，一层筋一般10磅左右，所以粘筋从3到8层不等。粘完筋丝后一定要检查整个弓形的变化状况，如有变化要及时调整。（图2-19、图2-20）

图2-19　传承人诺敏正在粘贴牛筋丝1

图 2-20　传承人诺敏正在粘贴牛筋丝 2

粘牢"望把"：粘贴筋丝时要用筋丝横向粘贴"望把"，其目的是增加"望把"的耐用度。粘的过程中切记筋丝要尽量平整，不然筋丝干了以后还要锉平，会很容易把筋丝弄断，影响"望把"的耐用度。

做好定型：上述工序完成后，要做好弓的定型。这时要用文火烘烤弓胎，可以适当浇一点儿水，避免弓胎烤过了。当弓胎烤软后，用手臂弯曲弓胎，使其弯成更平滑的圆弧形。然后按照弓的力量大小和弧度把弓胎放在地上或者压马上使其弯曲，同时进行走绳定型。这个过程不能操之过急，因为初次将弓体反曲到如此之大，稍有不慎，将会前功尽弃。这样定好型以后把弓放在板凳上或者能固定的地方用绳子绑好，进行下一步巩固定型。（图 2-21、图 2-22）

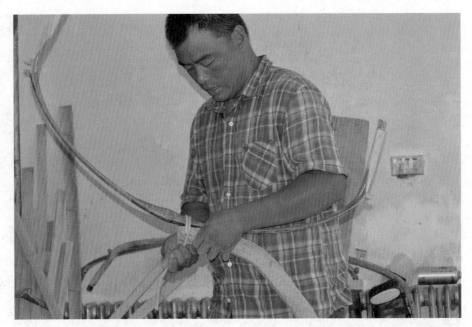

图 2-21　用模具定型弓胎 1

图 2-22　用模具定型弓胎 2

整体调试：定好型后弓的两个弓臂之间的弧度可能会不一致，这时需要调整。先用锉子锉弧度比较小的牛角面，这是一个慢工细活，锉的时候一定要谨慎，不能心急，掌握力度和深浅，不能一次锉太深。弓的一侧被锉得深了，另一侧就可能会翘起来。等锉得已经差不多了，再用细锉子进行更细致的修整。（图2-23）

粘弓码：首先要在离牛角面约一寸的位置锉出一块平的弓码盘，然后把弓码用鳔粘在上面。弓码没有具体的标准高度和尺寸，完全凭借传承人的经验来判断。这道工序　定要做到上弦后不会使弦支得太高。粘完弓码之后就可以把所有的固定工具和绳子解开了。

锉弓扣：在牛角头与弓胎嵌接的部位，用木锉锉出一个小斜口能挂住弦，此处称为"弓扣"。

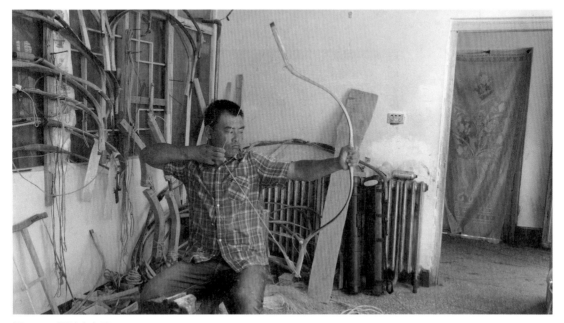

图2-23　调试牛角弓

上弓弦：第一次上弓弦要用辅助工具。首先把弓的"望把"与板凳系在一起，然后在弓体和弓弰连接的两个部位分别垫上定型时用的工具（如弓枕），最后拉上试用的弓弦，弦的长度要依据弓的尺寸进行相应的调整。弦的两头系出一个套环，套环要刚好落在弓扣里面。上弦后要用手指弹一弹弦听声音，如果声音不太清晰，说明弓弦过长，要继续把弓弦长短调整到合适为止。上弦后再看看弓的形状变化，如果形状不对要及时找出问题修整。还要查看弦与"望把"之间的距离，以 25 至 30 厘米较为合适。这个距离越小，拉开弓的难度越大。最后要保证弦能同时离开两个弓码，这要通过尺量、眼观、拉试来检查。（图 2-24）

保护和修饰：蒙古族传统牛角弓的原材料都是纯天然的无公害原料，但是如果使用或保护不当容易损坏，所以必须采取保护措施和修饰。首先要包住弓把，包之前先用锉子锉一下粘在弓把上的鳔的硬块或者其他多余的材料。然后用手指支住弓的中心，检查弓体是否平衡。如果不平衡，必须找出平衡点，因为要以平

图 2-24　上弓弦

衡点为中心，量出所要包住的弓把的宽度，然后裁下相应大小的马皮和珍珠鱼熟皮。选择马皮是因为它的薄厚是适合包住弓把的，而牛皮过厚，羊皮过薄。珍珠鱼熟皮是比较防滑的材料，也很美观。裁好后在皮子上刷一层鳔，鳔干了没关系，待用时火烤一下即可，或者边包边用"烫锉子"熨烫，通过加热使其粘得更牢固。

　　为了防潮变形，桦树皮是首选的包裹材料，蛇皮其次。桦树皮是古代游牧民族常用的防水、防腐原料。桦树皮要在 6 月末从大兴安岭中的桦树上取下来，因为这时候的桦树皮是最好用的。取桦树皮时要一层层地往下扒，取至最薄的那一层。如果在弓上贴上厚的桦树皮，其本身还会起层，就会影响整体外观了。值得注意的是，切记取树皮要获得相关林业部门的许可。包裹弓的蛇皮很薄，要提前刷好鳔，使用时烤热一下，并加湿，使其柔软后粘在弓的表面。粘时也要用平锉把它烫热，致使其粘得更为结实。（图 2-25）

图 2-25　整体查看牛角弓

3. 蒙古族箭的结构和制作流程

蒙古族箭的主要结构包括箭杆、箭镞（无眼鲍头——骨制的或者是木制的箭头）、箭翎、箭筈（箭尾扣弦的部分）等（图2-26）。制作工序可分为六大环节，分别是选材、调杆、打皮、刮杆、安装箭头、安装箭尾。做箭需要选比较直的木材（如竹子、柳条等）作为箭杆，但是自然生长的木材肯定带有弯度，针对弯曲的部分，每支箭杆都要进行调整。调杆的方法如下：先用火烤热弯曲的部分，然后用模具加以矫正，把烤热的箭杆放到模具的凹槽里用力夹住进行调杆，反复弄到箭杆笔直为止。笔直的箭杆要进行打皮和刮杆，这时需要用刮刀。经过加工后，再在笔直、光滑的箭杆上安装箭头和箭翎。目前蒙古族使用的箭头都是没有尖的无眼鲍头。蒙古族弓箭现在多数在那达慕大会"男儿三艺"的射箭活动中使用，为了避免伤人就安装了没有尖的无眼鲍头。另外，蒙古族射箭活动是用毡子制作环靶的，蒙古语称其为萨仁靶，无眼鲍头能更好地适用于毡靶。最后要安装箭翎，最好的箭翎材料是雕翎，但是目前由于雕是保护动物，已经不使用雕

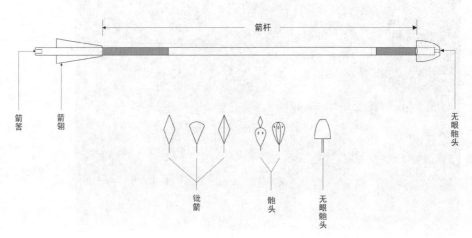

图2-26　蒙古族箭的结构

翎了，多数使用家禽的翎毛，主要用鹅的翎毛，每支箭需要安装三支翎毛。先把每根鹅的翎毛从中间撕开，先取出三支弄湿，再剪成同样大小，粘贴在箭尾部分。粘贴时要注意第一片翎毛的位置，使其刚好处于箭筈搭弦的平面上，其余两片均匀粘贴即可。

二、蒙古族传统牛角弓制作技艺特点

蒙古族传统牛角弓的重量比较轻，而且比起简单的木制弓，牛角弓的射速快、弓力大。其制造工序虽然复杂，使用了多种弹性良好的天然材料粘贴合成，但是这些原材料在内蒙古地区容易找到。牛角弓在长时间使用的状态下仍然能够维持初始的强度，如果材料搭配得当，弓不易出现过度耗损的现象，这种特性是简单的木制弓无法媲美的。不管是在冬天低温和湿度低的条件下，还是夏天高温多湿的环境里，牛角弓都能维持相对一致的力道和强度，很少受天气的影响。上弦后牛角弓能维持良好的形状，不会有扭转和上下弓臂不平衡的现象，也就是说不必过多调整，就能维持良好的形状。牛角弓射程远，有 500 米远射的纪录，而且使用寿命长。一把好弓如果使用和保护得当，能使用几十年甚至上百年。牛角弓中蕴含着蒙古族人民对力学、材料学、生物学、化学、美学等多种学科知识的认识。

（一）力学特点

1. 蒙古族传统牛角弓的力学特点

蒙古族传统牛角弓的制作材料都具有弹性，主要包括牛角、竹子、牛筋丝。当拉弓搭箭的时候，制作材料的弹性和人的推拉力结合在一起，蓄力到弓弦上，放弦的时候弹力通过箭释放出来击中远处的目标。射箭手拉弓的过程中有四个力的支撑点，分别是两个弓弰的弦扣处、弓把处、弓弦的拉弦处。射箭手用一只手支撑弓把处使用推力，而用另一只手拉住弓弦时用的是拉力。在弦扣处蓄的力是牛角弓的弹力。射箭过程中推力和拉力是服务于弹力的，这三个力是缺一不可的。射箭拉弓的过程中拉弓的力量会发生变化。刚开始拉时，用力不算太大；接近半开时，需要的拉力是最大的；接近拉满的时候，拉力会相对减弱。而且切记不能放空弦，否则容易损坏弓体，因为力量已经蓄到一定程度后，如果没有箭放空弦的话，蓄起来的力量无处释放，返回弓体后可能会损坏其功能。从现代力学角度来看，弓弰越小、越轻，弓弰吸收的力就越小，弓体的弹性势能转化为箭的动能就越多，力学效果就越好。所以弓弰的大小、形状和反折度，以及弓把的反曲程度会直接影响到弓力。蒙古族传统牛角弓的弓力还会随着季节和时间的变化而变化，这需要射箭手们在实践中去掌握这种变化。

2. 箭的力学特点

射箭过程中箭矢是释放弓的力量的载体。箭在射出去的过程中会受到空气的阻力，这时箭的箭头部分的受力面越小，受到的阻力会越小，所以箭镞一般都比较尖。这是为了通过减少空气阻力来击中目标。箭翎粘在箭杆的后部，在箭的飞行中起到平衡和保持方向的作用。通常箭翎的外形轮廓是流线型的，有着很好的空气动力学性能。直线型箭翎的特点：飞行速度最快，空气阻力最小，方便粘接，能够与各种箭杆相匹配。但长距离保持飞行姿态的能力比较弱，平衡性不好。偏移型箭翎的特点：有较好的平衡效果，受到的空气阻力较小，在较远的射程中也能保持良好的平衡。但是这种箭翎会降低箭的飞行速度，影响箭的最终动力。螺旋形箭翎的特点：飞行姿态最稳定，使箭能够在整个射程中保持稳定，显著地提高精准度，但是也显著地降低箭的飞行速度，箭的动能也会相应降低，这种箭翎受到的空气阻力最大。所以箭

图 2-27　粘贴箭翎

翎不同，导致箭的力学特点也发生了明显变化。（图 2-27）

（二）材料学特点

　　蒙古族传统牛角弓是由复合材料即竹木、牛角、筋丝、鳔等制成的产物。这是由两种以上物理和化学性能不同的物质组合的一种多相固体产品。这种复合材料的性能会比单一材料要有优势，单一的竹木弓在性能方面肯定不如复合弓。复合弓首先是在强度和韧性上就比单一材料的弓要好得多。其次是复合弓的使用耐久度要比单一材料有优势。再次，复合弓在组成、结构和性能上具有可设计性，也就是说复合弓在几种材料合成的过程中可以进行设计和调整。

（三）美学特点

蒙古族传统牛角弓既是工具，也是一种艺术品。蒙古族传统牛角弓弓面装饰以刻为主，而弓背以画为主。弓面是粘贴的牛角所以比较适合刻，而弓背是粘贴筋丝后用桦树皮和蛇皮包住的，所以比较适合作画。弓上刻画的主要是动物、植物、文字、符号等蒙古族图案，具有象征、比拟等寓意。

弓箭在蒙古族人心目中有辟邪的作用，在蒙古包里挂上弓箭寓意消除邪气。城镇化发展比较快的今天这个习俗依然在传承，很多住进楼房的蒙古族家庭都在家里挂着弓箭。

蒙古族人在草原上或者野外捡到箭镞都称其为"天箭"，一般会挂在婴儿摇篮上或者自己戴在身上，希望能辟邪除邪。从尺寸看箭镞有大有小，大的不是用于射猎或者战争的，其本身就是艺术品或工艺品；从材料看箭镞有铁、铜、银等各种材料；从用途看有鸣镝、射猎小动物的、射猎猛兽的等。

从弓箭产生、发展到今天，它所承载的无形的文化内容在不断增加，在这种文化的累积过程中就形成了独特的蒙古族弓箭文化。

第三章

蒙古族弓箭文化

无形的文化往往需要有形的物质作为载体，才能完整地呈现在我们面前。英国人类学家罗伯特·莱顿在 2010 年 11 月中国艺术人类学学术会议上的发言中提到，非物质文化与物质文化遗产是密切相关的，它们可以被看作"一枚硬币的两面"。物质文化遗产包括艺术家创造出来的物质或形象，以及艺术家们诉诸物质媒介的技艺。非物质文化遗产有两个重要元素：通过艺术表达出来的理念或信仰，以及有效表达它们的技艺。所以文化传统的成功传承需要硬币的两面——物质文化与非物质文化。

第一节　蒙古族弓箭的物质文化特质

蒙古族弓箭文化的物质文化特质可分为弓、箭、箭镞、靶、弓套、箭囊、扳指以及弓箭题材的相关衍生物品等。那么弓箭残片、弓箭相关的实物和出土的文物，都属于蒙古族弓箭文化的物质文化，还包括弓箭题材的相关物品，如岩画、壁画、名画、石碑、文献等。

一、弓、箭、弓套、箭囊、扳指、靶

蒙古族弓箭的这些物质文化特质并不是一下子全都被发明、

创造出来的，而是蒙古族先民长期积累的结果。文化积累的过程中自然也有文化遗失，所谓遗失也有几种不同的形式。第一种是因为某些文化不再适合人类需求而消失，比如从箭镞的发展来看，从木质、骨质、石质、青铜质、铜质发展到铁质，是因为新的材料比旧的材料优越或者更适用。这时人们就会遗失旧的文化，保存新的文化。除此之外弓箭的其他部分也是经历了从无到有、从简单到复杂的发展过程。这是一种文化的自然选择过程，也是一种文化的更新现象。第二种就是失传导致的文化遗失。关于这种文化遗失笔者将在非物质文化特质中进一步解释。所以说蒙古族弓箭的每一个物质特质都是积累的结果。

弓箭历来也是考古学发掘中比较注重采集的物件，在内蒙古自治区博物院和各盟市、旗县的博物馆里都收藏着弓箭、箭镞、弓袋、箭囊、扳指等。在新疆的不少博物馆里也收藏着东西方交会区域的弓箭，最新的考古发掘也证明了在新疆地区会聚了大量

图 3-1　蒙古族皮制弓套

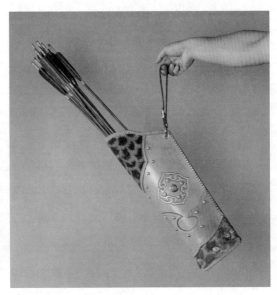

图 3-2　蒙古族皮制箭囊与箭

不同风格的弓箭残片和相关器物。其中包括蒙古族先民遗留下来的弓箭和相关的器物。蒙古族弓箭文化的积累具有它的独特性即民族性和区域性，这是由于生活在不同自然环境和社会环境的民族的文化创造和积累具有差异性。

弓套是用皮革、绸缎、布子等做成的，并在其上绘制蒙古族云纹等图案，是放置弓的容器。（图3-1）

箭囊（又称箭壶、箭袋、箭籣等）是指用粗面皮革、绸缎、布料、竹木等材料制成的放置箭的容器，并会在上面绘制蒙古族云纹图案等。（图3-2）

扳指是指拉伸弓弦时套于拇指的指套。蒙古族人一般用犄角、骨头、木头、金属、石材等材料掏空制作成扳指。（图3-3、图3-4、图3-5、图3-6）

图3-3　蒙古族牛角扳指　　　　　　　　图3-4　蒙古族牛角扳指戴在大拇指上

图3-5　蒙古族银、木质扳指

图 3-6　蒙古族银质扳指戴在大拇指上

　　箭镞是指固定在箭头的带尖的刃具。

　　靶是指射箭手以立射或骑射形式进行射击的目标。靶的种类多样，有皮圈靶、环靶（萨仁靶，萨仁在蒙古语中是月亮的意思，所以这种靶又称为月亮靶）、布龙靶、通克靶、隐蔽靶等。（图 3-7、图 3-8、图 3-9、图 3-10、图 3-11）

图 3-7　环靶（萨仁靶）

图 3-8　通克靶

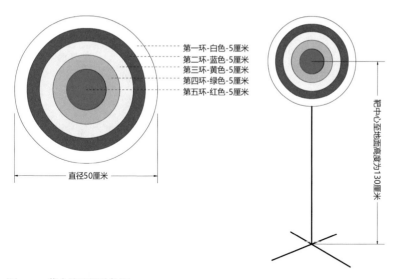

第一环-白色-5厘米
第二环-蓝色-5厘米
第三环-黄色-5厘米
第四环-绿色-5厘米
第五环-红色-5厘米

直径50厘米

靶中心至地面高度为130厘米

图 3-9　蒙古族环靶结构图

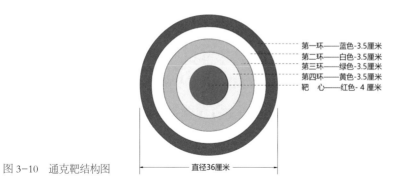

第一环——蓝色-3.5厘米
第二环——白色-3.5厘米
第三环——绿色-3.5厘米
第四环——黄色-3.5厘米
靶　心——红色- 4 厘米

直径36厘米

图 3-10　通克靶结构图

图 3-11　布龙靶

二、弓箭题材的衍生物品

弓箭题材的衍生物品包括岩画、名画、石碑、文献等。

（一）岩画

狩猎是蒙古族原始先民的一种较为普遍的生产生活方式。岩画是在岩石的表面上作画，保存了人类最远古时期的符号。蒙古高原岩画是蒙古族先民在石头上写的"史书"。

蒙古族岩画是北亚草原岩画的一部分。它分布甚广，并蕴含着深厚的文化内涵，引起国内外专家学者的高度重视。它能帮助我们复原或重构蒙古族曾经的社会面貌，是宝贵的文化资源。

岩画题材多样而广泛，画面上描绘了各种生活场景：狩猎图、战争图、人物图、人面图、舞蹈图、祭祀图，以及日月星辰、穹庐毡帐、车辆畜圈、狩猎工具、手印足印蹄印，以及原始符号等。作画者对动物形体和习性进行了细致入微的观察和认识，岩画中数量最多的是野生动物的形象。

蒙古族岩画属于中国北方系统的岩画，内容以动物为主，风格较为写实，均采用了刻画方式。蒙古族岩画远远超出了一般的原始美术形态，它凝聚着北方民族生产生活的点点滴滴，也体现着他们的精神内涵。

内蒙古西部是岩画最为密集的地方，这里有被誉为"北方草原第一岩画画廊"的乌兰察布岩画。乌兰察布岩画的西南方，是举世闻名的阴山岩画。阴山岩画往南就是卓资山岩画所在地。除了以上岩画之外，北方草原上另一座岩画宝库在阿拉善，阿拉善岩画可以追溯到旧石器时代，是中国已发现岩画的地区中年代最早的一个地区。不同的地理环境、心理因素以及不同的经济生活和社会风貌注定北方岩画有着不同特点。北方岩画的题材一般以生存、生育以及巫术思想为重点。当然这些题材不是孤立存在的，而是相互依存的，相互有密切的联系。

自古以来生活在草原上的原始人类和牧猎的游牧民族，在求生存寻发展的活动中，在天然的洞穴壁上和岩石上刻绘出他们的生产、生活和期盼。以狩猎为生的原始人食用动物的肉，穿动物的皮毛。而且，狩猎的经济意义，不仅在于人们通过狩猎能获取食物，还在于可以得到其他必要的生产资料，如兽类的毛皮是御寒的衣料，骨、角是制造武器的重要原料，脂肪是原始的照明燃料。

早期的狩猎是集体的、有组织的，这证明原始人是依靠集体的力量与自然相抗衡，到了较晚的阶段，个人狩猎才逐渐发展起来。

蒙古族人认为，所有的猎物都是上天的恩赐，只有祭天才能得到猎物。很多地方在出猎之前，都要进行专门的祭祀活动，人们认为巫术对狩猎的影响是必然的。很大一部分狩猎岩画就是巫术思想的产物，在客观上反映了原始人的巫术活动和狩猎活动。

原始狩猎者认为，拥有野兽形象，便意味着会拥有那些野兽；画了受伤的野兽的岩画，便使他们能够射伤野兽。这就让我们很容易理解为什么中国北方各地岩画中大部分猎人手中都拿着弓箭了。岩画中的弓箭是狩猎题材岩画的重要标志，除了狩猎题材，还有一些战争题材的岩画中也有弓箭，表明弓箭在当时是狩猎工具的同时，也是战争武器。（图 3-12、图 3-13、图 3-14、图 3-15、图 3-16、图 3-17、图 3-18、图 3-19）

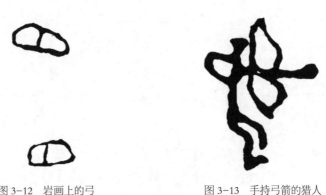

图 3-12　岩画上的弓　　　　　　　　　　图 3-13　手持弓箭的猎人

图 3-14　猎人们手持弓箭围猎的场景

图 3-15　动物和弓箭　　　　　　　　　　图 3-16　弓箭和套索

图 3-17　手持弓箭的猎人在狩猎的场景

图 3-18　手持弓箭的猎人们进行围猎和单猎的场景

图 3-19　手持弓箭的人们在战斗的场景

（二）名画作品

《元人秋猎图》手卷尺幅为59厘米×1240厘米，描绘了元代帝王率军出行、露营与围猎的情形和猎宴场景。画面宏大，人物生动，具有史诗般的气势。其中描绘太子及众武士骑在飞奔的马上追射、捕杀鹿的情景更是暗含深意。此卷钤有乾隆诸玺与嘉庆、宣统的鉴藏印，著录于《石渠宝笈》，为清内府旧藏，被誉为"另一幅《清明上河图》"。这幅画中人物的衣饰发型明显是北方少数民族的，行围射猎的场面描绘得真实生动，显示出画家具有相关的认知和实际体验，对围猎生活非常熟悉。画中展现了

图 3-20 《元人秋猎图》局部 1

图 3-21 《元人秋猎图》局部 2

图 3-22 《元人秋猎图》局部 3

图 3-23 《元人秋猎图》局部 4

多种古兵器，其中最主要的是弓箭，有骑兵用弓箭射猎的场景，有士兵给弓上弦的场景，以及士兵们佩戴弓箭的画面等。（图3-20、图3-21、图3-22、图3-23）

《元世祖出猎图》是元代画家刘贯道的作品，不仅是一幅优秀的人物鞍马画作品，也是研究元代历史文化的重要资料。图中御青马、戴貂冠、着红衣、披白裘、脚蹬皮靴昂然坐在马上者，即元世祖忽必烈。他侧身远视，气魄雄伟。他的头略微向左偏转，双目凝视远方，坚定而泰然。和元世祖并辔而立的可能是帝后，她身穿白袍，在坐骑红缨佩饰的映衬下，显得非常优美，和元世祖刚毅伟岸的身姿形成对比。其余四人为猎人，在世祖右侧的一人正弯弓搭箭，瞄准空中苍鹰，而其他猎手顺着世祖身后着红服者所指的方向，作注目远眺状，好像在前方已发现了猎物，他们正酝酿着纵马围猎的计划。在前景以及世祖和帝后的两侧共八名侍从，他们或纵犬，或持矛，或扬鞭，姿态或仰或俯。远处背景画得十分简括，一队商旅行驼出没于山丘之中，黄沙浩瀚，大漠无垠，一派北国风光，使人如临雄关塞外的辽阔大漠之中。（图3-24）

图3-24 《元世祖出猎图》及局部图

《鲜卑狩猎木版画》于内蒙古自治区乌兰察布四子王旗出土。狩猎图所描绘的不一定完全是现实生活，但无疑在一定程度上反映了当时的狩猎活动。就猎手而言，主要是骑着骏马驰射，也有立射。狩猎图所反映的是当时的生产生活情况，艺术性地再现了狩猎活动的场景，其中主要的狩猎武器就是弓箭。（图 3–25）

图 3–25 《鲜卑狩猎木版画》局部

《木兰秋狝图》：木兰秋狝，位于木兰围场。"木兰"，本系满语，汉语之意为"哨鹿"，即捕鹿。清朝时在今河北省承德市围场满族蒙古族自治县境内辟出专门的地方，供皇帝打猎，久而久之便称这个地方为木兰围场，简称"木兰"。清代皇帝每年秋天会到木兰围场巡视习武，行围狩猎。围场的具体位置位于内蒙古昭乌达盟、卓索图盟、锡林郭勒盟与察哈尔蒙古东西四旗接壤处。周长 1200 里的木兰围场，东西近 300 里，南北近 300 里，是漠南内蒙古的中心地带，可北控内蒙古，南拱卫神京，是中原地区和内蒙古草原上的重要通道之一。这里呈丘陵地形，依山傍水，水草茂盛，雨水充足，称得上是个"灵囿自成天"的地方。加之气候温和，野生动物繁衍生息，此地十分适合习武射猎。有记载表明，1754—1775 年，几乎每年蒙古族部落的首领、王公贵族、大臣都要前往木兰围场觐见乾隆皇帝。每当举行围猎时，在悠扬的音乐中，前来觐见的蒙古族贵族要向乾隆皇帝敬酒，行祝福语，之后进行摔跤、驯马、射箭等表演，宴会气氛热烈，情趣盎然。席间蒙古族诸部落要向皇帝进献驼、马等贡品，皇帝则赏赐大量绫罗绸缎、金银瓷器等，双方相互往来，以礼相待。木兰秋狝活动对清代政治稳定和维护多民族统一的国家起到了重要作用。除此之外，木兰秋狝更是清代皇帝每年考察军队力量的惯例。在活动中随行的所有人都要进行射猎，在围场盘马弯弓，纵横驰骋，因此木兰秋狝活动对清朝的军队战斗力提升起到了一定的作用。每逢举行秋猎，都会从内地和沿途涌来一批商贩和手工艺人，在周围举办市肆，蒙古族人称其为"那达慕"（娱乐、游艺的含义）。这是一个自由贸易的市场，除了满足军队的日常需求，许多附近的百姓、牧民也赶来买卖。木兰秋狝的路线成为一条通往内蒙古地区的贸易走廊，促进了以秋猎为中心的商业经济圈的形成，也促进了塞外经济的发展。（图 3-26、图 3-27、图 3-28）

图 3-26 《木兰秋狝图》局部 1、2

图 3-27 《木兰秋狝图》局部 3、4

图 3-28 《木兰秋狝图》局部 5

（三）石碑、文献

最早的回鹘体蒙古文文献《也送格石碑》在前文已介绍过，于 1818 年被俄罗斯考古队发现，之后有不少人释读研究，目前收藏于俄罗斯圣彼得堡。因为此碑以"成吉思汗"名字起首，学术界也称为《成吉思汗碑》。该碑文有文字 5 行，为带点回鹘体蒙古文。碑文大意是：成吉思汗西征返回营帐，召集全蒙古那颜（官员）在卜哈忽只该（如今俄罗斯境内额尔古纳河的支流乌卢龙贵河畔）的地方举行大呼拉尔（大型聚会）之时，也送格（哈萨尔之子）在射箭远射比赛中，射出了 335 庹（相当于现今 550 多米）的好成绩。（图 3-29）

蒙古文文献《射箭要诀》《蒙古族射箭》《射箭之乡巴林》《巴林神箭手》《蒙古族那达慕》和内蒙古各个部落的民俗志中对蒙古族弓箭的起源、发展情况、制作技艺、射法、神箭手的称号等方面都进行了详细的介绍，还对与弓箭相关的民俗活动、民间文学、文化价值等方面做了相应的介绍。所以这些文献资料为蒙古族弓箭文化的研究奠定了坚实的基础。（图 3-30、图 3-31、图 3-32、图 3-33、图 3-34）

图3-29 《也送格石碑》
（又名《成吉思汗碑》）

图 3-30 《射箭要诀》一书封面

图 3-31 《蒙古族射箭》一书封面

图 3-32 《射箭之乡巴林》汉语和蒙古语版封面

图 3-33 《巴林神箭手》一书封面

图 3-34 《蒙古族那达慕》一书封面

第二节 蒙古族弓箭的非物质文化特质

蒙古族弓箭的非物质文化特质包括它的制作技艺、射箭运动、民间文化以及相关的民俗等。这些特质正是非物质文化遗产保护工作的重点。

20世纪60年代，由于历史原因以及国家级比赛中没有传统射箭项目等原因，传统射箭运动发展停滞。内蒙古地区仅有呼伦贝尔市、锡林郭勒盟、昭乌达盟（赤峰市）留存着蒙古族射箭技艺，其他多数旗县已经停滞半个世纪了。近年来，正是在我国非物质文化遗产保护工作的号召下，全国各地兴起了恢复民族传统射箭运动的热潮。传统射箭运动与国家全民健身运动相结合，无论男女老少都用自己民族的传统方式进行射箭运动。

根据非物质文化遗产的概念和特征来定义蒙古族弓箭的非物质文化特质，就是指与蒙古族弓箭相关的弓箭制作技艺、民间文学、射箭运动、相关民俗活动等。下面根据我国内蒙古自治区级弓箭相关的非遗项目情况统计表分别叙述内蒙古自治区与蒙古族弓箭相关的非物质文化遗产代表性项目和传承人情况。

表 3-1　内蒙古自治区级弓箭相关的非遗项目情况统计

序号	年份	项目批次	项目类别	项目编号	项目名称	申报地区或单位
1	2007	第一批	民俗	NMX-45	那达慕	锡林郭勒盟
2	2009	第二批	传统体育、游艺与杂技	NMVI-21	乘马骑射	阿拉善左旗
3	2009	第二批	传统技艺	NMVIII-37	蒙古族传统牛角弓制作技艺	内蒙古师范大学
4	2009	第一批（扩展）	民俗	NMX-45	那达慕	科尔沁右翼前旗
5	2011	第三批	传统体育、游艺与杂技	NMVI-23	蒙古族射箭（乌珠穆沁射箭）	西乌珠穆沁旗

序号	年份	项目批次	项目类别	项目编号	项目名称	申报地区或单位
6	2014	第三批（扩展）	传统体育、游艺与杂技	NMVI-22	蒙古族射箭（萨仁靶射箭）	巴林右旗文体局非物质文化遗产保护中心
7	2014	第三批（扩展）	传统技艺	NMVIII-37	蒙古族传统牛角弓制作技艺	巴林右旗文体局非物质文化遗产保护中心
8	2014	第三批（扩展）	民俗	NMX-45	那达慕	内蒙古自治区非物质文化遗产保护中心
9	2015	第五批	传统体育、游艺与杂技	NMVI-30	巴尔虎通克	新巴尔虎右旗非物质文化遗产保护中心
10	2018	第五批（扩展）	传统体育、游艺与杂技	NMVI-23	蒙古族射箭（科尔沁哈日靶、乌珠穆沁射箭、翁牛特射箭、布里亚特射箭）	科尔沁右翼前旗扎萨克图科尔沁弓箭协会、东乌珠穆沁文化馆、翁牛特旗文化馆、鄂温克自治旗锡尼河东苏木文化体育广播电视服务中心、鄂温克族自治旗锡尼河西苏木文化体育广播电视服务中心
11	2018	第五批（扩展）	传统技艺	NMVIII-37	蒙古族传统牛角弓制作技艺	东乌珠穆沁旗文化馆、土默特左旗文化馆

一、蒙古族弓箭相关的非物质文化遗产项目

（一）蒙古族传统牛角弓制作技艺

蒙古族传统牛角弓制作技艺非物质文化遗产代表性项目属于非物质文化遗产传统技艺类，2009年被列入第二批内蒙古自治区级非物质文化遗产代表性项目名录，2011年被列入第三批国家级非物质文化遗产代表性项目扩展名录。对蒙古族传统牛角弓制作技艺在第二章已较全面地论述了，所以在这里就不再赘述。蒙

古族以精骑善射闻名于世，制作弓箭是古代蒙古族最重要的手工技艺之一。蒙古族传统牛角弓制作技艺广泛分布于蒙古族各个部落。在过去，每位蒙古族男人都会制作弓箭，并将手艺世代相传。20世纪初以来，蒙古族弓箭逐渐由武器和狩猎工具转变为那达慕等活动中的体育和娱乐工具。20世纪50年代，蒙古族运动员多使用传统牛角弓参加国内外各种比赛。但到了20世纪80年代，随着老艺人的去世，以及射箭比赛中要求使用玻璃钢弓，传统牛角弓制作技艺几近消失。从20世纪80年代开始，内蒙古自治区一些弓箭匠人和爱好者们致力于蒙古族传统牛角弓制作技艺的保护与传承工作，遍访呼伦贝尔、赤峰、通辽、阿拉善、锡林郭勒盟、呼和浩特等地的传统牛角弓制作艺人，积极学习蒙古族传统牛角弓制作技艺，并终于掌握蒙古族传统牛角弓的完整制作技艺。（图3-35、图3-36）

图3-35　蒙古族传统牛角弓制作技艺传承人诺敏

图 3-36　蒙古族传统牛角弓制作技艺传承人斯钦孟和（左一）

（二）蒙古族射箭比赛

蒙古族射箭比赛是比拼力量和技艺、追求准确性的比赛形式，成为各种庆典、聚会中重要的赛事之一。射箭比赛可分为立射和骑射两种基本形式。其中骑射展现出鲜明的民族特色，更能够激发人们的热情。

射箭作为蒙古族体育竞技娱乐项目，在历史发展过程中逐渐形成了明确的比赛规则和特定的习俗。射箭比赛，男女均可参加。组织和检查射箭比赛全过程的人员，称为射箭比赛主管。比赛要求根据年龄和性别而定。蒙古族各部落之间的射箭比赛也有一定的区别。远射比赛距离为 75 米，弓分为大、中、小三个类型，大弓的长度为 165—170 厘米，中弓的长度为 160 厘米，小弓的长度约为 150 厘米。射箭比赛的记分方式有个人成绩和团体成绩两种，分别对应个人射箭赛和团体射箭赛。射箭比赛中第一个出场的叫首箭，最后出场的叫末箭，首箭应当由声望显赫的射箭手担任，接下来两人一组进行比赛，末箭由两名年轻的射箭手担任，结束时有全体射箭手到发射点诵唱祝贺曲的习俗。

蒙古族射箭类项目有乘马骑射（骑射），主要分布在内蒙古西部区域，如阿拉善盟、巴彦淖尔市、鄂尔多斯市等地区。按蒙古族部落分类，蒙古族射箭类项目有巴林射箭（环靶，又称萨仁靶）、乌珠穆沁射箭、巴尔虎射箭（通克靶）、布里亚特射箭（布龙靶）、科尔沁射箭（科尔沁哈日靶）、翁牛特射箭等。

蒙古族乘马骑射：乘马骑射是蒙古族传统体育竞技项目之一，是将蒙古族"男儿三艺"中射箭与骑马完美结合的产物。乘马骑射既属于马术表演项目，又属于马上演武项目，是集勇气、技艺、智慧于一身的蒙古族传统体育竞技项目，极富表演性和观赏性。乘马骑射是蒙古族在长期游牧与狩猎活动中沿袭下来的，并逐渐演化为体育竞技项目和娱乐项目，深受群众喜爱，有着广泛的群众基础。

清朝康熙二十五年（1686 年），和罗理率和硕特一部迁居阿拉善后，保持和发扬了风格独特的乘马骑射传统，并将其列为阿拉善"乌日斯好汉三艺"之一。乘马骑射活动在阿拉善地区十分流行，过去几乎家家都有弓箭，蒙古族牧民会在门前设有射箭的小靶沟，经常练习射箭。在敖包祭祀、寺庙香会和大小型那达慕上，人们都会积极踊跃地参加乘马骑射活动。

乘马骑射以其独特的比赛场地和以锣鼓助阵的热闹活泼的比赛方式，为那达慕盛会增添了活跃的气氛。（图 3-37）

巴林射箭（环靶，又称萨仁靶）：自古以来就是一种娱乐项目。它与搏克（摔跤）、赛马一并成为传统的那达慕"男儿三艺"。萨仁靶射箭时至今天，仍然颇受人们喜爱。在巴林右旗的查干诺尔、巴彦汉等地区，萨仁靶射箭很是普及，已经成为发展民族体育、繁荣文化生活的重要项目。

图 3-37　蒙古族乘马骑射

　　有射箭之乡美誉的巴林右旗各级政府，十分重视古老的萨仁靶射箭，每次那达慕大会都要举行大型的射箭比赛，还在准备建立协会组织，做好具体工作。但由于爱好萨仁靶射箭人数的减少，手艺制作人也越来越少，所以这一传统面临失传的危险。（图 3-38）

　　乌珠穆沁射箭：在内蒙古锡林郭勒盟乌珠穆沁地区，每年都要举行那达慕盛会，盛会中重要的项目就是"男儿三艺"比赛，其中之一就是"乌珠穆沁射箭"比赛。比赛分为静射（又称立射）、骑射与远射三种。静射比赛中，射手站立不动，裁判员下令后众射手盘弓搭箭，一齐射向靶心，凡是射中的，靶心自行脱落，观者一片喝彩。通常规定，每个参赛者射 4 箭，分 3 轮射完，以中靶次数多少评定胜负。骑射就是乘马骑射，比赛不分男女老少，射手骑马持弓箭沿跑道边跑边射。通常跑道为 85 米长，4 米

图 3-38 萨仁靶射箭

宽，沿跑道设 3 个靶位，每个靶位相距 25 米。比赛时，射手身着各色蒙古袍，背携弓箭，跨马立于起跑线。发令后，射手立即策马疾驰，同时迅速抽弓，瞄靶劲射，当射中靶上某环时，靶环自动脱落，场面颇为激动人心。一般规定每人射 9 箭，分 3 轮射完，以中环多少评定名次，比赛实行淘汰制。远射是选手们比试射箭距离的一种比赛项目，主要依靠臂力，弓箭用硬弓为好。谁射的距离最远，谁就为胜利者。（图 3-39）

巴尔虎射箭（通克靶）：这里"通克"是指射箭用的环靶，蒙古族巴尔虎部落一般将射箭比赛称为"通克"比赛，也就是说射箭用"环靶"。巴尔虎射箭与其他地区射箭比赛规则大致一样，但也有所区别，巴尔虎"通克"比赛主要以娱乐竞技为主，比赛不分男女老少，参加者自备弓箭，弓箭的样式、弓的拉力以及箭的长度和重量均不限。

图 3-39　蒙古族乌珠穆沁部落射箭手

"通克靶"是以五种颜色、四个环绕着中心的圆圈挂在靶架上的环靶。射箭手和"通克靶"的距离一般在 22 弓长或 36 米，支撑"通克靶"的靶架两个柱子的距离为一弓长，小于一弓长就容易断箭，大于一弓长就会无法支撑"通克靶"。射手用手中的箭射向"通克靶"，中间是红心环，外面依次套心环、中环、内环、外环，共五环，五种颜色。"通克靶"的直径是 33 厘米，靶的中心可以活动，被射中后可以掉下来。"通克靶"五种颜色代表五种分数，分别是外（蓝色）环为 1 分、内（白色）环为 2 分、中（绿色）环为 3 分、套心（黄色）环为 4 分、中（红色）心环为 5 分。

比赛或娱乐竞技时要准备弓箭、靶架、"通克靶"。比赛规则如下：哈不差海（又称回箭，将射手射向"通克靶"的箭，回射给射手），通常是射手们有次序地回箭，回箭时射手们忌讳破坏箭上的羽毛、折断箭或弄错回箭方向。一般会分组比赛，例如 10 人分 5 个小组，每人 5 支箭，射 50 次，这叫"乌如格"。比赛要在裁判员的指令下开始，两人依次射 10 次，射完的两人一个为下组射手当回箭手，另一个要看靶，无论有多少组选手，都要按这样的顺序进行。弓箭没有瞄准装置，全靠射手的感觉和弓力去瞄准射击。比赛时不能在回箭以前再次射击。比赛中要以分数高低选拔出冠亚军，分数一样高时，则哪个射手先得分哪个为冠军，若多人射中中间红心环，则谁先射中红心环谁为胜者。

射箭在中国有几千年的历史，是冷兵器时代的产物，是古代战场上远射程的利器。随着历史的发展，蒙古族射箭不再用于战争和狩猎，转而成为一项体育比赛项目，世代相传，受到广大牧民的喜爱，反映了蒙古族崇尚英雄、崇尚勇士、擅长弓马骑射的民族特性。可以说，射箭承载了厚重的蒙古族历史，是蒙古族历史沧桑的象征和见证，标志着蒙古族从狩猎转为游牧、从战争转向和平的历史进程。生活在当今时代的牧民们喜爱射箭，既是对历史的铭记，也是对民族精神的传承，因此，蒙古族射箭具有较高的历史价值、艺术价值和文化价值。（图 3-40）

现代文化娱乐对人们形成了多元化冲击，如电视、电影、网络等吸引了人们的眼球，而像巴尔虎"通克"这种古老的民间体

图 3-40　蒙古族巴尔虎部落射箭手

育竞技，关注的人越来越少。而且在现在的比赛活动中，用传统牛角制作的弓也很少见，牛角弓的制作技艺和传统的射箭比赛形式，都被现代科技取代，所以保护传统牛角弓制作技艺和蒙古族传统射箭项目比赛形式尤为重要。

布里亚特射箭（又称布龙靶射箭）：蒙古族布里亚特部落"布龙靶"射箭主要分布在内蒙古呼伦贝尔市鄂温克旗锡尼河地区。锡尼河地区是蒙古族布里亚特部落的聚居区域，由锡尼河东苏木和锡尼河西苏木组成。锡尼河东、河西苏木总占地面积 9035平方公里，蒙古族布里亚特部落人口总计 7000 多人。

布里亚特人自古以来非常热爱射箭运动。布里亚特是蒙古族的一个重要分支，有着悠久的历史传统。在《蒙古秘史》中记载着蒙古族布里亚特部落为"林中百姓"。古时候，布里亚特部落生活在贝加尔湖至兴安岭北麓这一辽阔地域，《尼布楚条约》之后这一地域被划入沙皇俄国的势力范围。20 世纪初，部分布里亚特人有组织地迁回了故土，成为今天的锡尼河蒙古族布里亚特人。他们至今保留着古时候蒙古族的传统生活习俗。他们唱民歌，跳呐日格舞，穿自己缝制的服饰，吃自己做的食品，保留着游牧生活的礼节和习俗，同时也科学地结合了现代与传统畜牧业的生产方式，继续着游牧生活。

传说中，在哪个部落或草场附近进行射箭运动，可以使那里不染瘟疫、豺狼远离、虫害消失、牛羊肥壮。为此，布里亚特人游牧到新居点时，会在早餐后向着放出去的牛羊群上方射出三支箭，保佑牛羊肥壮。

布里亚特"布龙靶"射箭在我国主要分布于呼伦贝尔市鄂温克族自治旗锡尼河东苏木、锡尼河西苏木；在国外主要分布于蒙古国的东方省、色楞格省、肯特省以及俄罗斯布里亚特、伊尔库茨克、赤塔州阿金斯克区等。

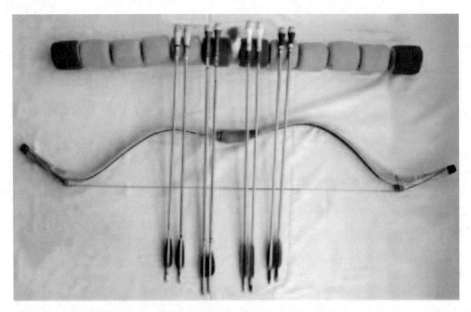

图 3-41　布里亚特"布龙靶"射箭用的"布龙靶"、传统牛角弓和箭

　　布里亚特"布龙靶"射箭主要由"布龙靶"、布里亚特蒙古族弓箭组成。"布龙靶"是用牛羊或者野兽的绒毛制作的，呈圆柱形，用羊毛或者彩色布袋包缝。（图 3-41）

　　布里亚特弓箭是用桦木制作的，弓长 150 厘米。箭杆长 60—90 厘米，箭头的尖端为圆形，用木、牛角、骨头等制成。箭的另一端镶有鸟类的羽毛。

　　"布龙靶"射箭比赛场地设在村庄或草场附近的草坪上。每个"布龙靶"设在 4 米 × 5 米平整的地面上，在地面上列成一排19 个，其中在最中间竖着放的称为"拉斯吉"（靶心），其他的"布龙"都是横着放在地面上的。

　　场地设置完毕后要用香草进行熏风。射手们首先要脱帽卸下佩刀，面向太阳整理好弓箭和"布龙靶"才能进入赛场。射箭比赛一般分多项进行，有 30—40 米射距的类别，射手常用自己手

工制作的弓箭。射箭比赛先由属虎的人射头箭，然后其他人轮流射箭。如射中目标，双方队员共同高声喝彩。这种高声喝彩也叫"虎啸"（专门的颂赞射箭的歌），意思是赞美神射手像老虎一样威风。"布龙靶"是以动物绒毛做成的，重量较轻，一旦圆形箭头射中目标，箭靶飘落的形态像野兔一样。如射手射中红色靶心（拉斯吉），众人喝彩声更加高亢，喝彩的歌声在蒙古语中是"巴日拉呼"。笔者在采访布里亚特老人时，他们说："'布龙'寓意射出来的箭像老虎扑猎物一样准确无误。""布龙靶"原先是用牛羊皮做外面的皮套，里面塞满野兽毛制作而成的，现在为了保护生态环境，用海绵取代野兽毛。（图 3-42、图 3-43、图3-44、图 3-45、图 3-46、图 3-47）

图 3-42　把"布龙靶"放在草坪上进行射箭比赛

图 3-43 把"布龙靶"放在木板上进行射箭比赛

图 3-44 布里亚特射箭比赛中的 3 个靶

图 3-45 蒙古族布里亚特女射箭手

图 3-46 蒙古族布里亚特男射箭手

图 3-47　蒙古族布里亚特女射箭手

科尔沁射箭（又称科尔沁哈日靶）：最近十年，科尔沁蒙古族射箭得到了广泛的发展，科尔沁右翼前旗每年都举行多种多样、规模大小不一的科尔沁哈日靶比赛。"科尔沁"的意思是手持弓箭的人。1206 年大蒙古国成立时，科尔沁部落以成吉思汗的二弟哈萨尔为首领。成吉思汗成立大蒙古国后曾说："哈萨尔之射，别勒古台之力，此朕之所以取天下。"在蒙古部落战胜乃蛮部落的战争中，札木合对乃蛮塔阳罕说："……大弓而放其箭，则能射至九百寻（一寻等于八尺），小弓而放其箭，则能射至五百寻。人称拙赤哈萨尔。"清末年间随着枪弹火药的发展，弓箭被挤出历史舞台，但在广大的科尔沁草原上，始终有坚持传统习俗的人把传统弓箭藏于深处，以野外娱乐或打猎的形式坚持射箭。现在，在科尔沁右翼前旗政府以及札萨克图科尔沁弓箭协会等组织的大力支持与努力下，参与射箭的人数越来越多，达到

550 多人，并且社会组织与群体与日俱增，在札萨克图科尔沁弓箭协会的支持和指导下，兴安盟几个市旗、吉林省前郭尔罗斯蒙古族自治县等地，先后注册登记了科尔沁哈日靶协会、俱乐部等 6 个组织。

科尔沁传统牛角弓长 150 厘米，弓体材质是天然材料，如以竹和木为弓胎，粘贴当地牛角和牛筋为弓面，并用桦树皮和蛇皮（自养供销售）进行装饰和保护弓体，弓体上均不得设置任何箭台；弓弦为飞速弦（生牛皮、鹿筋制成）；靶牌是牛皮包毡子的圆圈，直径为 45 厘米，由五个活环圈组成并染成五种颜色；记分方法是从中间往外依次以 5、4、3、2、1 分来计算；箭是传统竹木箭，箭头是响声钝头（古代用骨头制成，现在用塑料制成），箭羽是将禽类真羽劈成两半粘贴在箭杆末梢，箭长一般是 70 至 90 厘米不等；固定靶牌的靶中心至地面的距离为 130 厘米；男女老少都可以参加射箭活动。射靶分为 20 米、33.5 米、40 米等不同距离，按分数从高到低依次排序，由裁判组织比赛。

在 20 世纪 20 年代，弓箭是科尔沁地区围猎的主要工具，同时也是群众娱乐活动中的主要竞技项目。现在，科尔沁哈日靶射箭运动在科尔沁地区作为主要的竞技运动和娱乐项目，科尔沁地区或以盟市为单位的射箭协会，或以旗县为单位的射箭协会传承着科尔沁射箭运动。（图 3-48）

翁牛特射箭：射箭产生于什么时代不可考证，但是在蒙古史诗产生的遥远年代就有关于射箭的精彩描绘。《蒙古秘史》为我们提供了 13 世纪有关射箭比赛的内容。骑射是蒙古族狩猎和作战之必备技能。《蒙古秘史》中的"箭筒"作"豁儿"，佩戴箭筒的人叫"豁儿赤"，《元史》作"火儿赤"。那时上战场的人必先学会使用弓箭武器，佩戴箭筒，是武士的荣耀。随着冷兵器时代的结束，射箭成为蒙古族的一项传统体育项目，也是蒙古族

图 3-48　科尔沁射箭（科尔沁哈日靶）传承人白晨光授课

传统的"男儿三艺"之一，是那达慕大会最早的活动内容之一。目前，翁牛特旗射箭发展迅速，已经成立了蒙古族射箭协会，会员 150 余人，并建设了 3 座射箭馆，用于指导射手进行射箭训练。

翁牛特射箭属于立射，实行 6 轮 18 箭制，即每次射 3 支箭，计算实际射中靶子的箭数，根据得分确定名次。翁牛特射箭使用的弓一律为牛角弓，比赛中弓的重量不受限制，参赛者只分男女。箭头是橡胶材质，箭杆的长度可以根据个人需要定制；靶子是毛毡制作的，共有 5 个圈：中心是一个红色的圆心，射中得 5 分；圆心以外套有 4 个圈，从内往外依次为 4 分、3 分、2 分、1 分。箭头射中哪个圈，哪个圈就自然脱落，便于记分人员记分和统计分数。射箭手与靶子的距离一般为 30 米。

翁牛特射箭比赛实行循环制，人数多少不限。如果参赛人数过多，则实行分组循环，每组取得前 3 名的射手再进行决赛。

翁牛特射箭是臂力与耐力的较量，也是技艺与意志的比拼。射手步呈八字，重心在下，弓的弹力与人的弹力相协调，才能射中靶子。因此，对于现代牧民来说，射箭需要良好的身体素质和顽强的耐力，需要经常训练才能成为一名合格的射手。

翁牛特射箭项目发展迅速，目前翁牛特旗蒙古族射箭协会会员已经达到150多人。协会成立后，已经举办全区邀请赛2次，吸引了锡林郭勒盟、呼伦贝尔市、巴彦淖尔市等地区的选手前来参赛。为了便于训练，协会目前已经在海拉苏镇、格日僧苏木、新苏莫苏木建立了三座射箭馆。协会主席青格勒图经常自费带领射手参加比赛，除了参加旗县级比赛外，2015年参加赤峰市射箭协会年会比赛，获得团体第一；2016年参加赤峰市第五届传统弓比赛，获得第三名；同年11月青格勒图带领2名射手参加了在洛阳举办的全国射箭比赛，获得团体第三名，个人第三名，并打破了40米、50米两项纪录。（图3-49）

图3-49　翁牛特射箭传承人

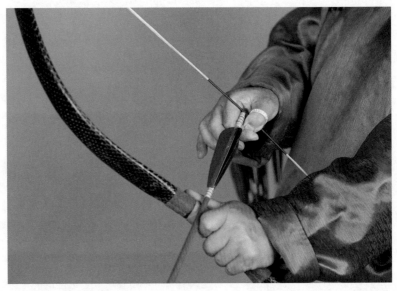

图 3-50　蒙古式射法

（三）蒙古族射箭的射法

　　射箭的射法分为蒙古式射法和地中海式射法，蒙古族射箭的射法是蒙古式射法。蒙古式射法的特点在于，拉弓弦的手用大拇指扣弦，箭尾卡在拇指和食指的指窝处。（图 3-50）蒙古式射法一般采取大拉弓的方法，弓开得十分满，这样有助于提高弓箭的威力。与蒙古式射法相对应的是地中海式射法。目前国际上主流的射箭比赛，如奥运会，都是采用地中海式射法。然而，目前在日本、韩国和中国国内很多的传统射箭爱好者仍然保留着蒙古式射法，并坚持把这种古老的射艺传承下去。

（四）蒙古族射箭主要动作分解

　　1. 站姿：射箭手站在起射线上，左肩对着目标靶位，左手持弓，两脚开立与肩同宽，身体的重量均匀地落在双脚上，身体微向前倾。

2. 搭箭：把箭搭在箭台上，单色主羽毛的方向靠内，箭尾槽扣在弓弦箭扣上。

3. 扣弦：右手拇指扣住弓弦，右手食指、中指和无名指扣在大拇指上。

4. 预拉：射箭手举弓时左臂下沉，肘内旋，用左手虎口推弓并固定好。

5. 开弓：射箭手以左肩推右肩的拉力将弓拉开，并继续拉至右手"虎口"靠位下颌。

6. 瞄准：射箭手在开弓的同时将眼睛、准星和靶位瞄成一线。

7. 脱弦：瞄准后右肩继续加力，同时扣弦的右手拇指和其他手指迅速张开，箭即射出。

8. 放松：箭中靶位后，左臂由手腕、肘、肩至全身依次放松。

（五）蒙古族射箭动作注意事项

使箭脱离弓飞向靶，一般人均可做到，但引弦后经准确瞄准，使箭射中靶，则必须经过一定的训练才可以做到。每次射箭时要用固定的姿势，根据现场的风力、风向等变化调整力道。射箭的动作几乎每次都要保持基本相同，但是人的精神和身体会时不时地产生变化，因此为了使射箭动作尽量正确，必须学习射箭的技巧和知识。学习后按照动作要领保持正确的姿势，反复练习，不断调整，熟能生巧，最终才能练成与正确姿势接近并适合自己的姿势。这时即使遇到不确定的干扰因素也能尽量保持自己的水平，把误差缩到最小。固定动作练习是初学者最重要的基本训练，固定并非固定不动，而是在一连串的动作后松弦时一定要自然放松手指，不可发力造成回拉。射箭时还要注意放箭的节奏，若节奏改变，表示动作已经改变。

射箭拉弦时不可使出全身之力，应只让两手用力扩张，肩膀的肌肉必须放松，只有做到这点，才算完成了弯弓；吸气后，轻轻地将气往下沉，使得腹部绷紧，再引弓射箭，呼气要尽量慢而稳，而且要一口气完全呼完；引弓手轻柔地向后方伸展至完全伸直。

（六）近年内蒙古自治区与射箭相关的重要事件

根据统计，2016年内蒙古东部五个盟市举行的传统射箭比赛中，有大约2300名射箭手报名参赛。内蒙古地区恢复传统射箭的主力旗县之一是巴林右旗。2009年12月，内蒙古自治区民族理事会、体育局、电视台授予巴林右旗"射箭之乡"的荣誉。2011年5月巴林右旗射箭协会成立。2012年10月内蒙古自治区民族理事会、体育局再一次授予巴林右旗"内蒙古自治区传统射箭示范基地"。这一基地的成立对于传统射箭运动的恢复起到非常重要的作用。巴林右旗射箭协会组织成立了300人的射箭手团队，分为老年组、男子组、女子组等进行训练。在巴林右旗的影响下，通辽市、兴安盟等地也先后成立射箭协会，恢复了传统射箭运动。

2012年赤峰市、锡林郭勒盟、呼伦贝尔市联合提出把蒙古族传统射箭项目纳入自治区民族运动会项目中，并于2012年11月30日由内蒙古自治区体育局和民族理事会组织召开蒙古族传统射箭的专题会议，会议中把"萨仁靶"射箭正式纳入内蒙古自治区第八届少数民族运动会的比赛项目。就这样，消失了半个世纪的蒙古族传统射箭比赛出现在正式的比赛中。

2013年7月，在锡林浩特市举办的内蒙古自治区第八届少数民族运动会上，在蒙古族"萨仁靶"射箭比赛中巴林右旗射箭组代表赤峰市荣获6枚金牌。2017年在呼伦贝尔市举办的内蒙古自治区第九届少数民族运动会上的"萨仁靶"射箭比赛和"布龙"

射箭比赛中，巴林右旗射箭组代表赤峰市荣获八枚金牌。

2014 年 4 月全国传统弓箭制作研讨会在内蒙古巴林右旗举行，参会人员有中国民族传统射箭发展领导小组组长、中华弓箭文化保护委员会主任、中国射箭协会传统弓委员会名誉主任徐开才，中国民族传统射箭发展领导小组秘书长、中国射箭协会传统弓委员会名誉主任李淑兰等。研讨会上，传统弓箭文化专家们围绕中国传统牛角弓的形制及量化标准、蒙古族弓箭的历史及蒙古族顽羊角弓的制作、中国传统木箭的历史及制作工艺、青海传统弓的发展与现状等做了主题发言。与会人员还详细了解了巴林右旗传统射箭运动及弓箭制作发展情况，观看了各地制作的弓箭，参观了巴林右旗格斯尔射箭馆、巴林右旗博物馆、巴林石文化产业园，巴林右旗射箭队还用自制弓箭进行了射箭表演。会议中除了交流学习之外，还提出了全国传统射箭运动发展中的两个要点。

第一，从 2014 年开始，全国传统射箭比赛中一定要用自然材料、手工制作的弓箭进行比赛。角弓、竹弓、木弓等都可以用于传统射箭比赛。在这之后，国内外制作的现代弓在传统射箭比赛中不能用了。

第二，世界传统射法分类中明确了地中海式射法和蒙古式射法两种射法。蒙古族用扳指射箭的方式简称蒙古式射法。并公布从此后在全国各地传统射箭比赛中统一使用蒙古式射法。

近几年，内蒙古各盟市、各旗县的射箭协会逐渐成立，同时在呼伦贝尔市、额尔古纳市、鄂尔多斯市、锡林郭勒盟乌拉盖经济开发区、锡林郭勒盟西乌珠穆沁旗、赤峰市巴林右旗等地多次举办国际和全国的射箭比赛。

2018 年秋季，阿拉善盟举办全国骑射比赛，说明内蒙古全区从东到西全面恢复了蒙古族射箭运动。

2010 年 8 月 3 日至 5 日在锡林郭勒盟西乌珠穆沁旗巴拉嘎尔

镇举办了挑战吉尼斯世界纪录 1000 人射箭大赛。大赛为期三天，其间进行了 1000 人立射、骑射、远射、移动靶比赛等四项比赛。西乌旗举办的挑战吉尼斯世界纪录射箭大赛是全世界在同一时间、同一地点，参赛人数最多、规模最大的射箭大赛。

（七）蒙古族射箭规则

目前室外射箭比赛中较多的项目是立射，包括个人单轮全能比赛、个人双轮全能比赛、个人单轮单项比赛、个人双轮单项比赛、团体单轮比赛、团体双轮比赛。骑射（骑马射箭）和远射（射远比赛）比赛进行得相对较少，所以比赛规则没有统一化，下面介绍的主要是立射比赛规则。

蒙古族射箭单轮、双轮比赛规则

第一条　比赛射程、射箭支数

1. 比赛按如下射程进行比赛：

女子组射程为：20 米，30 米；

男子组射程为：30 米，40 米。

2. 单轮比赛：每人每个射程射 15 支箭，两个射程共射 30 支箭。

3. 双轮比赛即连续进行两个单轮比赛，每人每个射程射 30 支箭，两个射程共射 60 支箭。

第二条　比赛规定

1. 个人全能比赛：每人必须参加规定的两个射程的比赛。如缺一射程，则视作全能弃权，只承认单项成绩。

2. 团体比赛：每单位限报男、女运动员各 3 名，比赛规则与个人赛相同。不足 3 人，不计团体成绩。

第三条　比赛程序

单轮全能比赛在一天内或连续两天进行。双轮全能比赛即连续进行两个单轮比赛，在两天或四天内进行。每天进行一个射程或两个射程的比赛。从远射程开始，由远到近，依次进行。

双轮比赛日程安排如下：

表3-2 双轮射箭比赛日程安排参考

时间		类别	赛程安排
比赛日		全体参赛人员	赛前练习、器材检查
第一天	上午	女子	30米 15支箭
		男子	40米 15支箭
	下午	女子	20米 15支箭
		男子	30米 15支箭
第二天	上午	女子	30米 15支箭
		男子	40米 15支箭
	下午	女子	20米 15支箭
		男子	30米 15支箭
第三天		全体参赛人员	发奖、离会

第四条 比赛方法

1. 单、双轮全能比赛每靶编排 2 至 3 名运动员，最多 4 名。用抽签方法确定运动员靶位的排列顺序，男、女靶号顺序由场地左侧向右侧依次排列。

男、女运动员分别进行抽签。

2. 轮赛时，每一射程 15 支箭，分 5 组进行，每人每组射 3 支箭。

3. 比赛开始后，运动员根据发令裁判发出的信号进入起射线。裁判吹两声短哨，表示运动员进入起射线；吹 1 声短哨，表示运动员开始射箭；吹 3 声哨（2 短 1 长），表示停止发射。

4. 比赛时，每人每组射 3 支箭，每射 1 支箭记分员记 1 次分，射3支箭后取箭。发令裁判员发出取箭信号后，运动员、裁判员到各自的靶位前取箭，核对环数，记分表必须由运动员、记分员、裁判员同时签名视为有效。

5. 每人每射1支箭的时限为50秒。

6. 比赛时限可用电子数字计时器和声响来控制，也可以用红、绿、黄3种颜色的灯光信号来表示。

红灯：红灯亮时，同时伴有2声响，为运动员进入起射线的时间，时长10秒。

绿灯：10秒钟后，红灯变为绿灯，同时伴有1声响，为发射信号。

黄灯：发射时间还剩30秒时，绿灯变为黄灯，无声响。

红灯：50秒钟后，黄灯变为红灯时，表示发射时限已到，同时伴有3声响为取箭信号。这时，裁判员、记分员和运动员进场到靶前记分和取箭，正在射箭的运动员即使箭未射出也要立即停止发射，运动员必须立即退出发射区。待取箭记分后，下一组轮射的运动员走入起射线，等待发射信号。整场比赛如此反复进行。

7. 比赛进行中，无论是取箭或停射，均发出停射（红灯和声响）信号。在停止全部比赛时，红灯亮同时发出一串声响作为信号。

8. 出现下列情况视作未射出的箭支：

（1）箭支掉在地上或失手射出，箭杆的任何部分在起射线前3米的区域以内。

（2）环靶被风吹脱落或靶架倒塌等箭靶故障。

第五条　比赛要求及违规惩罚

1. 比赛要求

（1）每名运动员在比赛中必须佩戴号码布。

（2）在未发出进入起射线信号前，除裁判员和有关工作人员，任何人不得进入发射区。

（3）为了保证比赛安全，运动员到达赛场后，不许向任何方向拉弓，更不准搭箭拉弓（除比赛时和规定的赛前在起射线练习时间），防止意外事故发生。

（4）比赛开始前30分钟，比赛场上箭靶前无人时，运动员可进入起射线练习，赛前10分钟退场。

（5）比赛时，运动员必须是立姿无依托发射，要求两脚分跨起射线，后脚不得触线，但允许两脚同时踏线（残疾者例外）。

（6）运动员因器材发生故障不能继续比赛时，经裁判员同意，在15分钟内修复器材进行补射。超出时限不予补射。

（7）运动员射完箭后，应立即携带器械回到运动员休息区。

（8）如果运动员在比赛中把箭丢失在比赛场找不到时，必须在下一组比赛开始之前向裁判员报告，经裁判员判定后，方可补充箭支。

（9）运动员在取箭时要认真核对记分表，如有异议，可举手向裁判员示意，经裁判员核实后由裁判员予以更正（裁判员、运动员必须在更改处签名），其他任何人不得更改记分表上的环数。

（10）运动员可委托同靶运动员或委托人代替取箭。

（11）在比赛进行中，除裁判员和射箭运动员外，其他人员一律不得进入发射区内。下一组射箭的运动员可持器械在候射区内等候，摄影记者可在候射区内拍照。

2. 违规惩罚

（1）运动员如不遵守《射箭比赛规则》和"射箭比赛规程"，不能参加比赛。

（2）运动员如违背《射箭比赛规则》和"射箭比赛规程"

的相关规定，将会被取消参赛资格，所获名次会被取消，已发奖牌会被追回。

（3）比赛过程中，弄虚作假、伪造成绩者，经调查情况属实，根据情节轻重给予警告、取消该射程比赛成绩、取消该次比赛成绩的惩罚，情节特别严重的取消1至3年的比赛资格。

（4）运动员犯规或不服从裁判员判决，根据情节轻重给予警告、停止比赛、取消比赛资格的处罚。

（5）运动员使用不符合规定的器材，将取消比赛成绩。

第六条 记分方法和成绩册

1.将配备足够数量的记分员，保证每靶有一名记分员。

2.记分员要在记分表上按照顺序记分。（图3-51）

① 射中红色（靶心）——记5环

② 射中蓝色——记4环

③ 射中黄色——记3环

④ 射中绿色——记2环

蒙古族传统射箭个人轮赛记分表

射程： 米 男/女 年 月 日

姓名		靶号		单位		
箭支数	1	2	3	合计	累计	
1					////	
2						
3					////	
4						
5						
中靶数		5环数				

运动员签名： 记分员签名：

裁判员签名：

图3-51 蒙古族射箭比赛个人赛记分样表

⑤ 射中白色（最外环）——记1环

⑥ 没有射中——记0环

⑦ 该靶被箭射中时，按落下的圆环分数记分。

⑧ 射中靶的某一环，但环靶没有落环，根据箭头打的环位，由裁判判定环数。

⑨ 如箭射在两环靶中间，按高环记分。

k 如箭射在他人箭靶上，判脱靶。

l 如箭射中环靶记分区之外，判脱靶。

运动员如对以上规定有异议，由负责该靶的裁判员做出最终判定。

3. 成绩册包括以下内容：

（1）男子组和女子组团体录取名次表，注明各单位3名运动员的姓名和成绩。

（2）男子组和女子组个人录取名次成绩表。

（3）男子组和女子组单项录取名次成绩表。

（4）男子组和女子组个人成绩一览表，按成绩排列个人的各项成绩，名次全部附上。

（5）男子组和女子组团体成绩一览表（注明各单位3名运动员的姓名和成绩）。（图3-52）

第七条 名次评定

男子组个人、女子组个人及男、女团体分别评定名次，均以环数排列名次，环数高者，名次列前。

1. 个人名次

（1）单轮全能：在单轮比赛中，个人单轮全能名次按每名运动员的单轮全能（两个射程30支箭）成绩排列名次，环数高者名次列前。

（2）单轮单项：在单轮比赛中，个人单项名次按每个运动员

蒙古族传统射箭双轮全能成绩一览表

日期：

单位	姓名	靶号	米		米		米		米		全能		名次
			环数	名次	环数	名次	环数	名次	环数	名次	环数	名次	

图 3-52 蒙古族射箭成绩公布样表

的单轮单项（一个射程15支箭）成绩排列名次，环数高者名次列前。

在双轮比赛中，单轮全能和单轮单项成绩取两个单轮中最佳成绩，单项名次的排列方法同上。

（3）双轮全能：在双轮比赛中，个人双轮全能比赛名次按每名运动员的双轮全能（2个单轮60支箭）成绩排列名次，环数高者名次列前。

（4）双轮单项：在双轮比赛中，个人双轮单项名次按每个运动员的双轮单项（2个单轮单项30支箭）成绩排列名次，环数高者名次列前。

如成绩相等，按中靶箭数多者名次列前。

如仍相等，按中 5 环箭多者名次列前。

如仍相等，则名次并列。

2. 团体名次

男子、女子团体分别计算。

以各单位参加团体比赛的 3 名运动员个人全能成绩之和决定男、女团体名次。环数多的单位名次列前。

如成绩相等，队中个人全能环数多者所在单位列前。

如仍相等，队中个人全能环数次多者所在单位列前。

如仍相等，则名次并列。

第八条　立射场地设置

比赛须在开阔的草地上举行，原则上是由南向北发射。

1. 场地平坦，长约 70 米，宽约 90 米。比赛场地的宽度可根据所设靶位调整。

2. 所有的运动员均在同一个场地内进行比赛，由南向北发射的场地，在南端距运动员休息区底线 20 米处，画一条东西向的直线为起射线，在此线以北画一条与起射线平行的线，称为终点线，线宽不超过 5 厘米。

3. 在起射线前 3 米处画一条与起射线平行的直线，称为"3米线"。

4. 每射程的距离是从每靶靶心到地面的垂直点起，至起射线外沿止（线宽含内）。两靶间距 4 米，隐蔽棚放在每靶左侧 2 米处。

5. 在起射线上，对准各靶的中心点各画一条长 1 米的垂直线，称为靶中心线。

6. 比赛时，由起射线至各中心线，每一靶之间或两三个靶之间画一条垂直线，称为箭道线。

7. 在起射线后 5 米处画一条平行线（用虚线画出），称为限制线，两线之间为发射区。

8. 在限制线后 5 米处画一条平行于限制线的线，称为候射线，两线之间称为候射区。

9. 终点线后至少 20 米处和起射线两侧至少 10 米处视为危险区，应设置明显标志，严禁通行。

10. 在候射区内限制线后约 1 米处，设裁判席，席位设置在每个裁判员分工负责的几个靶位之间。可允许新闻工作者在候射区、裁判员席后进行拍摄工作，但不得长时间逗留。

11. 在箭靶的一侧或两侧危险区外设记分员席，须保证记分员坐在席位上能看到靶面。

12. 发令台设在男子组、女子组场地之间，起射线后约 1 米处。发令台的长与宽各约 3 米，高约 1.5 米。

13. 男子组、女子组场地之间的距离至少相距 5 米，男、女靶位号均由左侧向右侧排列。

14. 靶号牌

靶号牌的规格为：40×40 厘米，数字高度 30 厘米，单、双号颜色分别为黄底黑字和黑底黄字（如 1、3、5、7 为黄底黑字，2、4、6、8 为黑底黄字），靶号牌应准备颜色、规格相同的两套，一套固定在各靶正中的上方，一套放置在各靶位起射线正前方。

15. 距离牌

用来标明各射程的距离，放在各终点线两端。牌的规格为45×35 厘米，数字高度 30 厘米，为白底红字。设置高度不超过50 厘米。

16. 电子数字计时器

使用电子数字计时器时，计时器的数字显示屏不得低于 30厘米高，以倒计时形式显示时间，并能够根据需要即停或即走。放置的计时器数量、位置与灯光声响信号相同。设在距起射线

15—30 米一侧或两侧边线处，放置角度要使该场上正在射箭的运动员都能看清信号。

17. 风向旗

风向旗按靶的单、双号设黄、蓝两种颜色，规格为底边长 30 厘米、高 25 厘米的三角旗，由质地轻薄飘逸的材料制成。风向旗应放在箭靶或靶号牌正后方，高出箭靶或靶号牌 40 厘米。

18. 示意旗

示意旗的颜色必须是红色，分别放在每个箭靶后和起射线每靶中心线的正前方，用于运动员和记分员呼叫裁判员。旗的大小、材料等与风向旗相同。

19. 成绩公告牌

共需 2 至 4 块，分别公布男子组、女子组个人和团体成绩（内容包括名次、靶号、姓名、单位及累积分）。比赛公布个人前 8 至 10 名成绩，团体前 6 至 8 名的累积分。公布所有运动员的全部成绩（靶号、姓名、单位、单项成绩和累积分）的公布栏可放在运动员集中的地方，如住地、餐厅走廊等。

20. 编排记录处

编排记录处设在男子、女子组成绩公告牌附近，并设有防雨、防晒和防外界干扰的相关设备。

21. 记分夹

使用规格不小于记分表的夹板，其数量根据靶位确定。

22. 运动员和教练员休息区

在候射线后分别设置男、女运动员和教练员休息区，保证每名运动员有一席位。休息区须有防风雨和防晒设备。

23. 官员席

设在男、女运动员休息区内侧，每侧一座，位置可根据需要而定，须有防风雨和防晒设备。

24. 备用装置

应备好口笛、秒表、测量靶心尺。考虑记分裁判员的安全，每靶侧面设立 1.5 米高、1.2 米宽的隐蔽棚。

第九条　环靶和靶架

环靶：环靶直径为 45 厘米，环靶自中心向外分为红色、绿色、黄色、蓝色和白色五个同心圆区。每一个色区间用同一种颜色制成同色圆环，五种颜色圆环组成了五个环区。

表 3-3　射靶规格表

中文名称	英文名称	位置
纯红	Red	靶心
纯绿	Green	第四环
纯黄	Yellow	第三环
纯蓝	Blue	第二环
纯白	White	第一环

靶架：支撑环靶的架子称为靶架，靶心与地面垂直高度为 1.3 米。（图 3-53）

第十条　比赛器械及有关规定

1. 传统弓必须是裸弓，不包含任何延伸器材，瞄准标记，可以作为瞄准的记号、刮痕或被压过的痕迹，不能有瞄准窗、箭台、张弓指示器、稳定器材等辅助设备。必须是传统角弓，弓胎为竹木、动物角，不允许使用玻璃钢、钢、碳素等合成材料。

2. 箭杆必须使用竹、木等天然材料；箭尾必须使用竹、木、角、骨等天然材料；箭翎必须使用天然材料或天然羽毛。不得使用碳素箭、铝合金镝等。箭头用盾头（盾头直径不小于 2.5 厘米）。

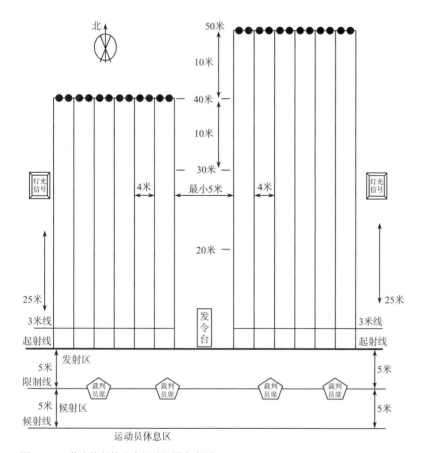

图 3-53　蒙古族射箭比赛场地设置参考图

3. 箭包括一支带箭头的箭杆、箭尾、箭翎和箭标识。每名运动员须在其使用的箭的箭杆上标明自己的姓名或首字母。在同一场比赛中应使用完全相同的箭支，箭翎的样式和颜色、箭尾和箭标识都须相同。

4. 弓弦可采用不同颜色和材质。可安装护弦线保护拉弓的手指，还可加装箭口与箭尾端相配。弦上缠线部分在拉满弓时，不得超过运动员本人的鼻尖。不得通过在弓弦上安装窥视孔、做记号或其他方式辅助瞄准。

5. 可以使用普通眼镜、射箭眼镜或太阳镜。但不得使用装有微孔棱镜、微孔的眼镜或类似装置，也不能标示有助瞄准的记号。

6. 比赛应明确规定用拉弦手拇指勾弦，推弓手拇指侧搭箭的蒙古式射法。可以使用扳指、手套、护手片或胶布带等保护拇指勾弦、拉弓和撒放。不能有辅助拉弓和撒放的器具。

7. 未经裁判员检查过的弓箭器材，在比赛时禁止使用。

8. 运动员的比赛服装：须按规定着少数民族的传统服装。

第十一条　裁判员配备

1. 裁判人员要精通业务。工作中要严肃、认真、公正、准确。绝不弄虚作假，一经发现裁判员有违规行为，将严肃处理。

2. 总裁判长1人，副总裁判长1—2人。

3. 裁判组：裁判长1人，副总裁判长1—2人，每2—3个靶设裁判员1人。

4. 发令长1人，发令助理1人。

5. 编排记录组：编排记录长1人，副编排记录长1人。

6. 记分组：组长1人，每靶设记分员1人。

第十二条　裁判人员和场地工作人员的工作职责

1. 总裁判长

（1）总裁判长由主办单位委托，负责整个比赛的裁判工作。

（2）比赛前，负责检查场地、设施、器材，组织裁判员学习规则。

（3）负责召开必要的裁判会议，每天比赛结束后进行工作总结。

（4）对规则中未含的具体裁判细节，可做出临时决定，但不得与规则精神相违背。

（5）对比赛中发生的有关裁判方面的重大问题，有权做出最后决定。

（6）对违反规则的运动员，有权取消其比赛资格。

（7）有权处理在执行裁判工作中犯有严重错误或不称职的裁判员。

（8）审核比赛成绩。

（9）闭幕时宣布比赛成绩和名次。

（10）比赛结束后进行裁判工作总结。

2. 副总裁判长

副总裁判长协助总裁判长工作，总裁判长不在时，代理其职责。

3. 裁判长

协助总裁判长检查比赛场地设置，测量比赛距离，检查箭靶、环靶等比赛器材的准备情况。赛前负责组织裁判员学习，统一思想，统一认识，统一执法尺度。协调处理比赛中出现的问题。合理安排裁判员的工作任务。每天比赛结束向裁判员了解比赛情况，做好工作小结，并及时向总裁判长汇报。

4. 裁判员

在裁判长的领导下工作，服从裁判长的工作分工。比赛前检查运动员的器材、服装、注册证、号码布等是否符合规则要求。比赛开始前负责检查、更换比赛用环靶。比赛中判定运动员发射是否有效（包括运动员是否按照"哈日靶"立射主流射法进行发射），对犯规者给予处罚。监督记分过程，处理有异议的箭支。负责修正记分表上原始环数的错误。对比赛中运动员出现的犯规行为，必须做出果断判决并及时报告裁判长。

5. 发令长

负责比赛的统一发令、计时和安全，包括记录比赛因故中断的原因和时间。负责安排扩音器的使用和摄影记者的活动，及时播放有关比赛方面的通知，在比赛间隙向观众介绍射箭比赛及一些相关事宜。

6.编排记录长

负责比赛编排工作，审核报名、抽签前的准备工作表，做好人员分工。培训记分员。审核运动员的比赛成绩，审核破、创新纪录，签字后交总裁判长。汇编成绩册，填写运动员成绩证明单并签名后交总裁判长。比赛结束后整理比赛资料交组织委员会。

7.记分员

核实本靶运动员单位、姓名、号码布是否一致。核实、记录运动员所射的环数。核算记分表并在记分表上签名。记分员签字后不能改动有误的环数。

8.场地工作人员

准备比赛器材和训练、比赛场地的布置。为参赛人员准备桌椅和防雨、防晒设备。比赛中更换环靶、移动靶架、修补赛场破损器材以及提供所需用具。维护场地清洁卫生。保障场地上各种电气设备的正常运行。

第十三条 比赛疑问、争议和申诉

1.运动员如对环数存有疑问，裁判员的判决为最终判决。

2.如果场地器材存在缺陷或箭靶存在严重磨损和损坏，运动员或领队可向裁判员提出申诉，请求更换或修理器材。

3.如对已公布的成绩存在异议，应立即向裁判员提出，不得拖延，务必在领奖之前提出，以便进行更正。

4.如果运动员对裁判员的判罚有异议，可向仲裁委员会提出申诉。如果争议问题影响到运动员的奖牌、奖杯归属问题，则不得在仲裁委员会做出裁决之前颁发。仲裁委员会的决定为最终裁决。

二、与蒙古族弓箭相关的民间文学

千百年来，草原上口口相传、代代相承的蒙古族民间文学，内容丰富，题材多样，有神话、传说、史诗、歌谣、谚语、谜语、说唱等，它们是极其珍贵的蒙古族非物质文化遗产。蒙古族以及北方其他民族在历史的进程中，创造了辉煌灿烂、具有独特魅力的文化，为我们留下了浩如烟海的民间文学宝藏。英雄史诗讲述着草原勇士的荣誉，赞词和祝词传颂人们的美好愿望，谚语和民间故事体现人民的智慧和才能。蒙古族民间文学与弓箭也有着千丝万缕的联系，在史诗、传说、谚语、谜语、祝赞词、故事等中都有弓箭的影子。

（一）史诗

蒙古族英雄史诗《格斯尔》《江格尔》《科尔沁潮尔史诗》等，在演唱当中都会出现很多描绘射箭的场景：通过射箭与妖魔鬼怪战斗的场景、用弓箭狩猎的场景，以及专门对英雄们弓箭的赞美等。《格斯尔》的演唱中有对格斯尔使用弓箭的赞美、弓箭的结构和材料的描述、格斯尔使用弓箭与敌人交战的场景、格斯尔射箭姿势的描述等。

蒙古族人在长期的游牧生产生活方式中，互动交流广泛。因此《江格尔》在内蒙古地区以不同形式流传，西部地区用托布秀尔或民歌演唱形式传唱，中部、东部地区用四胡、潮尔伴奏或雅布干乌力格尔（故事）讲述形式表演。《江格尔》是蒙古族英雄史诗，被誉为中国三大史诗之一。这部史诗是以英雄江格尔命名的，讲述了圣主江格尔可汗率领 12 名雄狮大将和 6000 名勇士，为保卫理想幸福的宝木巴地方[①]，同形形色色的敌人进行英勇斗争的故事。12 名雄狮大将中有一名大将在蒙古语中称为"哈日吉翎苏木齐巴特尔"，"哈日吉翎"译为黑色的箭，"苏木齐"译为射箭手、神箭手，"巴特尔"译为英雄。

① 宝木巴地方：立理想国、美好的国度等。

《江格尔》中对他的赞词大意如下：

天上翱翔的雄鹰

被神箭穿入鼻孔

才被誉为神箭手

黑箭苏木齐英雄

拿着鹰翎的箭

金黄的斑点弓

射出的箭翎冒着烟

箭镞冒着火焰

达兰汗统治的国度

被传颂为神箭手

拥有黑褐色坐骑的

黑箭苏木齐英雄。（图 3-54）

图 3-54　哈日吉翎苏木齐巴特尔赞

《江格尔》的英雄中有很多都是神箭手，但是对黑箭苏木齐英雄的描述是最为典型的，除了赞美英雄们的箭术，还有对弓箭的结构、制作材料、弓箭的部位名称、弓箭的用途等方面的描述。这些描述有的地方虽然使用了夸张的手法，但对于蒙古族弓箭文化具有非常重要的意义。

（二）祝赞词

祝赞是蒙古族人日常生活中的一项重要礼仪。按蒙古族人的习俗，祝赞要分场合和对象，内容各不相同。从节日"那达慕"大会到婚礼仪式，从对故乡山河到对五畜以及日常用具，都有相应的祝颂和赞美。祝赞词是中国北方蒙古游牧民族传统的民间文学形式，是一种有一定韵调、语言自然流畅、兴之所至一气呵成的自由诗。祝词、赞词，统称为"祝赞词"。祝赞词最初产生于劳动中，是蒙古族猎户、牧民集体创作的口头作品。2011 年蒙古族祝赞词被选入第三批国家级非物质文化遗产代表性项目名录。弓箭作为蒙古族重要的生活生产用具，射箭运动作为蒙古族"男儿三艺"之一，祝颂和赞颂中自然也少不了它们。在射箭竞技活动中，蒙古族祝颂人主要会对弓箭、弓箭手、射箭运动等进行祝颂和赞颂。具体祝赞词大意如下：

弓箭赞词

吉祥如意，安康幸福，

祝福好运，祈愿弓箭。

黑雕羽箭翎，

钢铁的箭镞，

是英雄佩戴的武器，

显震慑敌人的威武。

黑夜里它是可靠的伙伴，

为铮铮的盔甲增添威严。

神奇无比的弓箭，

用洁白的牛乳米剌[①]，

用圣洁的羊油米剌，

祝愿永享的太平幸福。

以水牛角做成弓面，

以长白松做成弓柄，

以凤凰尾做成箭翎，

以犍牛皮做成弓箭。

威力无比的弓箭啊，

为神箭手增添勇气，

为黄金版的弓箭祝福，

为神箭手的幸福喝彩。[②]

① 米剌：是指蒙古族米剌礼习俗，把食品德吉（食用前的一小部分）涂抹在人和畜的某一部位或具有象征意义的物品表面，以此表达衷心祝福的礼俗。

② 扎格尔主编：《蒙古学百科全书》（民俗卷），内蒙古人民出版社 2015 年版，第 237 页。

弓箭赞词

在茂密的森林中，在劲挺的树枝上，

截取两尺多长的箭杆，用锉子锉直，布子磨光。

在蔚蓝的天空中，在翱翔的雄鹰身上，

剪取一部分羽毛，选出的箭翎发着熠熠的柔光。

在滔滔的大海中，在捕捉的大鲸身上，

剥下皮沸煮成胶，粘上翎羽的箭杆笔直修长；

用神山的檀木，巧手制成的弯弓无比精良，

用公牛的皮筋，精心做成的弓弦韧劲如簧，

将良弓利箭存储于雕花的弓囊箭囊。

在战场上是英雄的屏障，

在祭祀上是祈福的衷肠，

在大赛中屡屡夺魁获奖，

神箭手的英名天下传扬。①

① 此祝赞词摘自乌珠穆沁博物馆。

弓箭手赞词

在遥远的圣祖成吉思汗时代，

勇武善射的蒙古族弓箭手数也数不清。

这优良的传统留给子孙后代，

成为蒙古族的"男儿三艺"之一世世传承。

在今天的那达慕盛会中，

汇集了东西南北的各路精英；

老中青几代弓箭手，

各自施展着绝世的射技武功。

当利箭离弦破空震响时，

骆驼咆哮，骏马惊鸣；

大地在颤抖，箭光在天边泛出斑斓的彩虹；

人们在呐喊，靶场上一片惊天动地的赞叹声。

他能拉圆七十头牛拉不动的大弓，

将银箭对准目标，气势能射穿山岭；

他在人群中骑骏马昂然而出，

在飞驰中将头靶到末靶一一射中。

在众射手中脱颖而出的神箭手，

是草原的主人、国家的长城，

是家乡父老的骄傲，蒙古族歌唱的英雄。

他能射中草原上飞奔狍子的前胸，

他能射穿天空中飞翔大雕的脖颈，

真乃是名将之后、草原的英雄。

在民众之前，在盛会之中，

大家欢呼他的名字，

传颂他的射术神弓，

愿他在今后的大赛中屡屡夺魁称雄！①

① 此祝赞词摘自乌珠穆沁博物馆。

弓箭祝词

弓心——

是用巨龙的肌腱锻造。

弓背——

是用大水牛犄角粘牢。

弓码——

是用大象牙做成。

弓身——

是用大鱼肠鳔裹住。

弓弦——

拉得再满也不会断。

这就是——

举国扬名的大黄弓。

砍伐罕山的檀木，

请匠人锯刨而制；

取雄鹰翅膀长羽，

精心再贴成箭翎；

炼就绝好的纯钢，

打造神奇的形状；

妙手制成的箭口，

红檀包裹的弓把；

这就是会使我们，

走运的禀赋白箭。

射中猛虎，

扒其厚皮，

精心鞣打，

细心剪裁，

钉上金银泡钉，

安上十八个纽，

容量较大，

做工较细。

要把这样贵重的箭筒，

放在亲家白色毡房上，

以圣主成吉思汗立下的规矩，

以祖辈传承至今的风俗，

高歌弓箭的祝词，

祝大家平安幸福！

箭的祝词

当你父亲十八岁时，

骑着枣色的骏马，

牵着飞快的黑猎狗，

在雪山上滚爬着时，

东窜西跑着打猎时，

用身上的月亮斧头，

砍下须弥山阳坡上，

郁郁葱葱的枫檀木，

把它带回自己的家，

请木工好友布日古德①，

锯好木材加工成形，

又请手巧木匠海青②，

精削细刨做成箭身，

用鳄鱼鳔黏合而成，

用这样精妙的宝箭，

射中翱翔蓝天的凤，

再到须弥山西南坡，

射中十二叉鹿角的，

被称为罕达盖的鹿，

再下白海到龙王庙，

射的龙王头晕脑涨，

获得哈达和奖赏后，

射在岩石缝中的箭，

邀请众多石匠瓦匠，

昼夜奋斗拔出神箭，

那十二叉角的罕达盖的鹿的皮呦！

①布日古德：蒙古语，译为"雄鹰"，这里指人名。

②海青：这里是人名。

能做四个马鞍的鞍鞯，

四十个人的靴子，

三个马鞍的鞍鞯，

三十个人的靴子，

对我信奉的老汉而言，

是做靴子的材料，

对我女婿来讲，

只能做荷包的材料啊！

在雪山的阳坡上，

在吉祥三宝石下，

多年生长的香檀树，

砍下它直长的树杈，

做成又圆又直的箭，

用凤翎粘作箭翎，

这神奇的箭是，

在箭口上，

有着坚固的信物，

在箭头上，

带着吉祥的兆头，

把这宝箭赏给我女婿。

祝你平安幸福，

在温暖的蒙古包里，

小心收藏的箭，

祈福佛爷赐福的箭，

用十两银子铸造，

在柜里珍藏多年的箭。

如果放在柜上，

就成为徽标的箭，

如果想富有，

就能招来福气的箭。

如果外出远征，

可成为好友的箭，

如果来仇敌侵犯，

就能征服镇压的箭。

如果出远门，

能成为好朋友的箭。

如果赏赐下一代，

就能成为恩赐的箭。

把这箭赏给你哟！女婿。

神箭会保佑你！

如果献给活佛，

可结好运扭结的哈达。

如果献给札萨克①，

① 札萨克：官位名称。

可成为最好礼物的哈达。

把纯白的哈达，

结在神箭镞上，

一同赏给你，

亲爱的女婿！

神箭手颂词

英俊健壮的小伙子们

身穿绸袍斗志昂扬

活泼美丽的姑娘们

眼睛朝前精神抖擞

在野花盛开的草原

他们列队整齐步伐健

回想着英雄额日乐岱

回想着他超群的射箭本领

各色绸袍迎风飘

射手纵队真彪悍

经验丰富的长辈们

健壮力大的中年人

肩挎宝箭筒

目盯前敌——靶

幸福生活

使他们兴高采烈

"好汉三艺"

使牧民们欢快

英雄蒙古族的后代

匆忙在那达慕现场

以必胜的坚强决心

亟待开赛的号令

古代龙甲兵器

在阳光下闪闪发光

人们高歌赞颂的

这宝弓是：

根据古代的需求

模仿湖泊的波浪

显耀各自技巧的工匠

雕刻各样的图案

聘请蒙古族工匠

用蛇皮蒙苫

破牦牛的长角

仿月亮的形状

用牛角和檀香乌木

用鱼胶牢牢粘住

挑选最好的材料

倾注压邪的神灵

为英雄们灭敌

为增强弓的弹力

用罕达盖的筋做心

为增强弓的射准度

用公黄羊的筋做弦

为圣主成吉思汗效忠

而精心制作的这把弓是：

蒙古族的传统兵器，

是代代相传的传家宝

喜庆那达慕的点缀

对敌斗争的强大武器

成为这弓的战友的

精致笔直的箭是：

锥形尖锐的头

藤木制作的身

迎风喧嚣的声

奇特美观的形

圆滑笔直的体

三角粘牢的翎

射穿猎物的镝

打败敌寇的力

千里之遥

箭能飞到

万里之远

也会射中

射山山被穿

射岩岩被碎

妖魔鬼怪

一射就灭

这神奇宝箭的主人

掌握着超群的射术

射空中飞鸟

能射掉它的翅膀

射从洞中跑出的老鼠

会射中它小小的双眼

射天上飞的乌鸦

就能射掉它的嘴喙

射飞快的公盘羊

就会射掉它的双角

能射断柞树的树杈

能射断湖泊中芦苇的茂叶

能射掉岩石上蚂蚁的腿脚

能射灭入侵的敌人——

使他们永远不得翻身

这样神奇的射术

杰出的射手们都有

百发百中的信心和力量

在他们心目中永远荡漾

白玉制作的额日黑博其[①]

在他们拇指上发光

命中靶心的决心

在他们胸中起浪

拿起随身带的箭

矫正后握在手中

瞄准前面的苏日[②]

决心射中央眼

好劲弓的硬弦

拿起手中的宝箭

紧紧扣在弓弦

用力把弓拉展

把东方扬名的强弓

拉得圆圆满满

拉得像十五的月亮

拉得仇敌恐慌

拉得亲朋开心

拉得高山摇晃

拉得鬼怪慌张

拉得江河荡漾

英雄射手们这拉弓的阵势

能使高山破碎

能使天地倾斜

他们拉足劲弓

使足绝好的射功

①额日黑博其：蒙古语，扳指。

②苏日：蒙古语，意为靶。

两眼瞄准靶心

精神高度集中

宝箭紧扣弓弦

顿时拇指一松

箭朝着月亮靶的央眼

疾风闪电般地飞翔

看！这支射箭队伍：

列队整齐步伐齐

拉弓扣箭力量齐

瞄准靶心目标齐

夺取成功决心齐

拉推劲弓用力齐

击中目标战果齐

再说这箭的速度是：

天上飞翔的禽鸟

再快也撵不上

打雷闪电虽快

也被这神箭落下

罕达盖鹿飞跃

也会被它甩掉

也赶不上这宝箭

伟大的蒙古族射手

世界八方把名出

广大蒙古族牧民们

将永远把他们记住

在民族体育文化中

作为遗产永振兴

承前启后下一代

成为传家宝放光彩！①

① 斯钦图等编著：《射箭之乡巴林》，内蒙古文化出版社 2006 年版，第 103~108 页。

弓箭颂

笔直挺拔柳树中

挑选一棵箭杆种

量足三尺锯成材

凹槽刨来把箭做

锉光擦拭造白箭

取来翱翔雄鹰翎

捕来大洋巨头鲸

熬成一缸鱼骨胶

削去一面粘箭杆

巴拉巴铁匠铸造的

白刃钢制作的箭头

神牛长角黏合成

猛兽韧筋缠绕成

熟好牛皮再鞣软

条条拧劲做弓弦

射来准哟伴身边

杀敌勇猛好战友

牛角大弓，快白箭

永远伴君打天下！②

② 斯钦图等编著：《射箭之乡巴林》，内蒙古文化出版社 2006 年版，第 122 页。

弓箭赞

你是英雄意志的化身，

你是所向无敌的象征。

犀角做你的弓背，

黛玉做你的弓心，

黄金做你的弓垫，

白螺做你的手柄，

松石做你的缺口，

蚕丝做你的弦绳，

青铜做你的箭镞，

隼羽做你的箭翎。

这弓箭表示着吉祥如意，

披挂以后就百战百胜。

上述的祝赞词中不仅显示了"引弓之族"蒙古族人对弓箭的赞美之情，也说明当时的战争环境和蒙古族青年披挂弓箭的意义，展现了射箭运动的精彩场面。

（三）谚语

蒙古族谚语是游牧民族对自然现象、社会现象长期观察的艺术总结，用语简练，具有较强的节奏感，是蒙古族文学中最短小的一种韵文形式。谚语广泛地应用在会话和各类文体中，已成为草原民俗的一部分。蒙古族谚语精练通俗，每一句谚语都有哲理，虽然话语简短，却能以小见大，从各个侧面反映出蒙古族的精神文明、生活习俗和聪明才智。谚语也往往带着弓弩般的力量直抵人心，起到教育的作用。蒙古族谚语多如牛毛，以完整的形式，规范地表述着蒙古族人的生活经验和思想感情。在蒙古族人心目中，弓箭手是好汉的代表，弓箭是力量、胜利的象征。因此在谚语中，蒙古族人常以与弓箭相关的事情喻人、喻事、喻理。部分谚语如下：

把福禄，送给那贤明的善人；把枪箭，送给那败走的敌人。（爱憎分明，行为果敢坚决）

再钝的箭头也会打中人，迷路时一个人也会碰到亲人。（不放弃）

如果吝啬箭头，就猎不到野兽。（学会取舍）

箭镞虽利不射不发，人虽聪明不学不知。（学习的重要性）

暗箭难防，嘀咕难忍。（学会提防）

家乡美是百姓的自豪，弓箭好是猎手的自豪。

把弯箭修直了，可以射中靶；把愚人教好了，可以变聪明人。

（四）故事、传说

1. 铁木真和扎木合成为安达 ① 的故事

据《蒙古秘史》记载，铁木真和扎木合小时候玩木制弓箭。扎木合把自己的用两岁牛的犄角钻眼制作的鸣镝赠给了铁木真。铁木真把自己的杜松头响箭回赠给了扎木合。就这样两人成为安达。

2. 五箭教子

《蒙古秘史》中记载，春天时，有一天，锅里正煮着腊羊肉。阿阑·豁阿让五个儿子并排坐下，给每人一支箭杆，让他们折断。一支箭杆有什么难折断的？他们全部把箭杆折断抛弃了。阿阑·豁阿又将五支箭杆束在一起，让他们折断。他们五人轮流着来折束在一起的五支箭杆，都没能折断。阿阑·豁阿教训五个儿子道："我的五个儿子，如果你们像刚才五支箭般，一支一支地分散开，你们每个人都会像单独一支箭般很容易被任何人折

① 安达：是蒙古语，朋友、兄弟之意。

图3-55　阿阑·豁阿让五个儿子折箭

断。如果你们能像那束箭般齐心协力，任何人也不容易对付你们！"（图3-55）阿阑·豁阿为了教育孩子们相互团结，选择箭杆作为道具，而不选择其他用具，是因为教育孩子时为了说明问题，人们一般使用最熟悉的生活用具来举例。阿阑·豁阿使用蒙古族人最熟悉的箭杆向孩子们说明了最朴素的哲学道理，影响了包括成吉思汗在内的许多蒙古族人，永远牢记团结的重要性，只有齐心协力，才能成就大事。

3. 天上掉下弓箭的传说

从前，蒙古族一个部落的人遇到众多敌人并且被包围了，他们与敌人交战的时候弓松了，箭也射尽了，死亡的阴影向他们袭来。就在这紧要关头，天空中乌云密布，瞬间下起了倾盆大雨，同时也下起了无数利箭，把敌人都消灭了，最后蒙古族人得到了胜利。蒙古高原上到现在也能拾到箭镞，老人们都说"这是那次从天上掉下来的箭镞"。所以蒙古族人把捡来的箭镞称为"天箭"，也作为吉祥之物来珍视。正因如此，蒙古族人会把"天箭"挂在幼儿的摇篮上，希望孩子平安吉祥，也寓意孩子能成为像神箭手一样的英雄。

三、与蒙古族弓箭相关的民俗

据《蒙古游记》记载，蒙古族人通过射鸟来练习骑射和静射技术。他们不分老少都是好射手，他们的孩子从两岁就开始练习骑马，根据孩子年龄使用大小不同的弓箭进行射箭练习。蒙古族人的一生都离不开弓箭，弓箭在他们的日常生活中扮演着非常重要的角色。目前"男儿三艺"是蒙古族敖包祭祀、祭祀祖先、喜庆节日等活动中必不可少的竞技运动。

（一）婚礼中新郎佩戴弓箭的习俗

弓箭除了出现在上述的活动中，还在一个重要的蒙古族民俗场合中不可或缺，那就是婚礼。蒙古族婚礼中有一个重要环节，就是新郎要佩戴弓箭去迎接新娘。（图3-56、图3-57、图3-58）

（二）赠纪念礼物的习俗

神箭手在年老力衰的时候，会将自己曾经用过的弓箭赠送给自己看重的年轻人作为纪念，希望该名年轻人从此继承自己的事业。这种习俗又称为赐赏弓箭习俗。在蒙古族赠送礼物的习俗中，看重的不是礼物的大小贵贱，而是礼物所承载的美好祝愿和象征意义。

图 3-56　在鄂尔多斯婚礼中，娶亲出发前给新郎佩戴弓箭

图 3-57　阿鲁科尔沁阿日本苏木婚礼中新郎佩戴弓箭

图 3-58 阿鲁科尔沁阿日本苏木婚俗中新郎佩戴弓箭走在娶亲的路上

（三）为射手助威的习俗

射箭比赛过程中的助威与摔跤比赛中对摔跤手的召唤和赛马过程中对骑手的呼喊一样，具有独特的习俗。为射箭手助威，能够起到提高士气、祝贺胜利、表达感谢等作用。助威的内容主要有助威呼声、欢庆呼声、祝贺呼声三种曲调，每次要呼喊或唱诵三遍。

（四）蒙古族人名后缀"篾儿干"——神箭手、善射者

蒙古族人名后缀中有"篾儿干"，汉语译为神箭手、善射者、神射手，常用作对善于射箭的男人的美称。从中我们可以看出蒙古族人对神箭手英雄的崇拜。额尔登泰、阿尔达扎布在《蒙古秘史还原注释》里对"豁里察儿·篾儿干"有所讨论："篾儿干——是对古代神射手的称号。"《蒙古秘史》中记载，有五个人名后缀都有篾儿干，如豁里察儿·篾儿干、孛儿只吉歹·篾儿

干、朵奔·篾儿干、巴尔忽歹·篾儿干和豁里剌儿台·篾儿干。这些人名前段是他们的名字，后缀的"篾儿干"是称号。"篾儿干"是指在射箭方面取得了一定成绩，当一个人受到众人认可之后，人们才给他这个称号。蒙古族崇拜"篾儿干"，到目前为止还在延续，直到现在也有很多人名中都有"篾儿干"后缀，甚至直接用"篾儿干"一词作为名字。

所谓百发百中的善射者——篾儿干，是指在射箭技能、心态和智力等方面十分优秀者。另外，由于蒙古族传统牛角弓是没有任何附加设备的裸弓，射箭时的不确定因素很多，比如风向、天气、场地、光线、距离、角度等。所以在任何环境中都能百发百中的"篾儿干"，深受蒙古族人尊敬。

（五）弓箭崇拜习俗

蒙古族人并不是简单地把蒙古族弓箭看作生产生活工具，而是把蒙古族弓箭视为力量、智慧和勇气的象征。在狩猎、打仗时以弓箭为主要工具和武器的古代，拉起弓、射中目标是检验人的力量的标准之一。因此，赞颂神箭手的力气和技巧逐渐成为一种传统。蒙古族人除了以弓箭作为力量象征之外，也注重射箭时的技巧和准确性，因此，在诸多民间文学作品中将神箭手描述得出神入化，并将他们封为"额日黑莫日根"（神箭手之意），将弓箭视为智慧的象征。在蒙古族传统习俗中，生男孩的家庭在自家门口悬挂弓箭、新郎佩戴弓箭迎亲等习俗都是将弓箭视为勇气象征的具体表现。可以说，蒙古族弓箭崇拜习俗在日常生活、习俗、文化象征意义等各方面都有充分的体现。

四、蒙古族弓箭相关的非物质文化遗产代表性传承人

非物质文化遗产与物质文化遗产虽是人类社会的共同财富，

但其表现形态并不相同。物质文化遗产是有形存在的，而非物质文化遗产是无形存在的。从文化保护的角度看，物质文化遗产是"看得见""摸得着"的，保护起来相对容易些，而作为"看不见""摸不着"的非物质文化遗产，保护起来难度较大。非物质文化遗产虽说是"无形"的，但是说到底它还是存在于非物质文化遗产传人这个活态传承载体的头脑中。[①]只要保护好传承人，客观上就等于保护了非物质文化遗产。有了传承人后，保护对象从"无形"变为"有形"，从"看不见""摸不着"，变为"看得见""摸得着"，保护工作有了方向和着力点。正是在这样一种理念的指导下，我们国家一直将保护传承人作为非物质文化遗产保护工作的重点。

与蒙古族弓箭相关的非物质文化遗产是民族个性、民族审美习惯的"活"的显现。它依托于人本身而存在，以声音、形象和技艺为表现手段，并以口口相传的方式作为文化链而得以延续，是"活"的文化。因此对于与蒙古族弓箭相关的非物质文化遗产来说，人的传承就显得尤为重要。（图 3-59、图 3-60、图 3-61、图 3-62）

① 苑利、顾军著：《非物质文化遗产学》，高等教育出版社 2009 年版，第 67 页。

图 3-59　蒙古族传统牛角弓制作技艺代表性传承人诺敏

图 3-60　蒙古族传统牛角弓制作技艺代表性传承人哈斯巴特尔

图 3-61　蒙古族传统牛角弓制作技艺代表性传承人哈斯巴特尔

图 3-62　蒙古族传统牛角弓制作技艺代表性传承人斯钦孟和

表 3-4　内蒙古自治区级弓箭相关的非遗代表性传承人情况统计

序号	申报年份	申报批次	编号	传承人姓名	项目名称	民族	性别	出生年月	申报地区或单位
1	2010	第二批	NMVI-21	巴音岱	乘马骑射	蒙古族	男	1939.05	阿拉善左旗文化馆
2	2010	第二批	NMVIII-37	诺敏	蒙古族传统牛角弓制作技艺	蒙古族	男	1962.10	内蒙古师范大学
3	2010	第二批	NMX-45	道布沁	那达慕	蒙古族	男	1943.08	科尔沁右翼前旗文化馆
4	2012	第三批	NMVI-23	图雅（女）	蒙古族射箭（乌珠穆沁射箭）	蒙古族	女	1964.03	西乌珠穆沁旗文化馆
5	2014	第四批	NMVI-21	图门那生	乘马骑射	蒙古族	男	1961.09	阿拉善左旗文化馆
6	2014	第四批	NMVI-22	斯钦图	蒙古族射箭（萨仁靶射箭）	蒙古族	男	1944.06	巴林右旗文体局非遗中心
7	2014	第四批	NMVI-22	苏日格日勒	蒙古族射箭（萨仁靶射箭）	蒙古族	男	1948.07	巴林右旗文体局非遗中心
8	2014	第四批	NMVIII-37	斯钦孟和	蒙古族传统牛角弓制作技艺	蒙古族	男	1981.08	巴林右旗文体局非遗中心
9	2018	第六批	NMVI-23	额尔顿毕力格	蒙古族射箭（布里亚特射箭）	蒙古族	男	1960.09	鄂温克族自治旗锡尼河东苏木文化体育播电视服务中心
10	2018	第六批	NMVI-23	白晨光	蒙古族射箭（科尔沁哈日靶）	蒙古族	男	1968.02	科尔沁右翼前旗札萨克图科尔沁弓箭协会
11	2018	第六批	NMVIII-37	哈斯巴特尔	蒙古族传统牛角弓制作技艺	蒙古族	男	1956.08	巴林右旗文化馆

白晨光，男，1968 年 2 月出生，蒙古族。他从小在长辈的指引下接触弓箭，并用宽竹和附近山地的硬木等材料制作简单的弓箭，在游戏玩要中用。由于受长辈们的影响和自己爱好，他始终对哈日靶情有独钟，并在 1990 年春季校园那达慕哈日靶比赛中获得一等奖，这使他更加喜爱这项运动。2011 年 9 月中旬，赤峰市巴林右旗邀请经验丰富的射箭手，在科右前旗第一中学体育馆内举办为期十天的蒙古族传统弓射艺培训班。此次培训使白晨光收获很大，不仅提高了哈日靶的射箭技巧，更丰富了关于哈日靶的知识。2012 年，白晨光开始利用假期时间，带着自己的射箭设备到科右前旗牧区（乌兰毛都苏木、满族屯乡、索伦镇、桃合木苏木）进行科尔沁哈日靶射箭技艺免费培训活动。在白晨光和韩双龙等人的不懈努力下，2012 年，已失传半个世纪之久的哈日靶运动成为兴安大地大小型那达慕上必不可缺的比赛项目之一。2014 年 1 月，白晨光和韩双龙在科右前旗注册成立了"科尔沁右翼前旗札萨克图科尔沁弓箭协会"。协会成立以来，白晨光和韩双龙组织协会骨干成员先后到乌兰浩特市、科右中旗、扎赉特旗、吉林省前郭县以及其他地区中小学开展科尔沁哈日靶免费培训活动。2015 年 4 月，白晨光和韩双龙赴赤峰市巴林右旗参加首届中国传统弓射箭培训班，哈日靶水平有了新的提升。2015 年 8 月，白晨光带队在"兴安盟首届农牧民夏季趣味运动会和乌兰毛都草原之夜文化旅游节"哈日靶比赛中获团体第一名。2015 年 8 月，在吉林省前郭尔罗斯蒙古族自治县举行的"前郭尔罗斯第一届少数民族传统体育大会射箭哈日靶"比赛中，白晨光、韩双龙带队参赛，戴红霞（白晨光、韩双龙的徒弟）获第二名，宝音达来（白晨光、韩双龙的徒弟）获第四名，白晨光获第五名，好斯满都拉（白晨光、韩双龙的徒弟）获第六名。2016 年 7 月，在吉林省前郭尔罗斯蒙古族自治县举行的"吉林省前郭尔罗斯蒙古族自治县成立 60 周年庆祝大会暨第十八届那达慕大会射箭比赛"中，由白晨光和韩双龙带队的札萨克图科尔沁弓箭协会代表兴安盟参赛，获团体第一名。2016 年 9 月，在科尔沁右翼前旗政府主办、内蒙古自治区东五盟市和东三省参加的"兴安盟也松格哈日靶邀请赛"中，由白晨光、韩双龙等札萨克图科尔沁弓箭协会成员代表兴安盟参赛获得团体第二名。2017 年 6 月，札萨克图科尔沁弓箭协会代表兴安盟参加乌海市"欢乐草原行那达慕"射箭比赛并荣获团体第四名，白晨光是主力队员。2017 年 7 月，在内蒙古自治区第九届少数民族传统体育运动会上，科右前旗射箭队（白晨光任教练，韩双龙、宝音达赉等为队员）代表兴安盟参加比赛，荣获团体和个人三个四等奖。（图 3-63）

　　额尔顿毕力格，男，1960 年 9 月出生，蒙古族。1980 年开始学布里亚特射箭，已有 38 年的学艺实践经历，在掌握布

图 3-63　科尔沁蒙古族射箭（哈日靶）代表性传承人白晨光（图中正在射箭的人物）

里亚特射箭以外还掌握了通克、萨仁哈日靶及专业射箭法等技术。2013 年 5 月成为呼伦贝尔市级"蒙古族射箭"代表性传承人，2012 开始担任鄂温克族自治旗"锡尼河射箭协会"副会长。先后参加大小型比赛、宣传、传艺、保护发展活动近 1000 次。2009 年获鄂温克族自治旗"色缤节"男子"萨仁哈日靶"冠军；2010 年获全市"欢乐草原"内蒙古自治区健身大会射箭选拔赛季军；2012 年获第二届鄂尔多斯国际那达慕大会"哈日靶"移动靶表演赛亚军；2013 年获中国西部那达慕（八省区）个人赛第七名；2015 年获呼伦贝尔市第四届"额尔凯莫日根"杯比赛第四名；2016 年获呼伦贝尔市第五届射箭比赛暨锡尼河射箭协会第二届射箭比赛老年组冠军；2017 年获中国·鄂伦春国际森林山地运动节射箭邀请赛跪姿第五名、立姿第五名；2018 年获全区第十四届全运会"哈日靶"选拔赛男子组第五名。（图 3-64）他不

图 3-64　蒙古族布里亚特射箭代表性传承人额尔顿毕力格

仅参加各种射箭比赛，还积极参加布里亚特射箭保护、普及、发展工作，用牛角、竹子及现代材料制作了 30 把弓和 500 多支箭，修复 1000 副弓，制作了 540 个布龙。同时，他鼓励家里人学射箭技术，妻子道力静在呼伦贝尔市级射箭比赛中获第一名，女儿陶力也学会基础制作技艺并开始参加射箭比赛。

　　斯钦图，1944 年出生，1968 年毕业于内蒙古师范大学蒙古语言文学系。2013 年被认定为赤峰市市级非物质文化遗产代表性项目"蒙古族射箭"代表性传承人。（图 3-65）

图 3-65　蒙古族萨仁靶射箭代表性传承人斯钦图（最左侧）

第一节　蒙古族弓箭文化的传承保护

一、对蒙古族弓箭文化的整体性保护

首先，蒙古族弓箭文化的物质与非物质特质不能被简单地孤立，它们就像一个人的肉体和精神、一枚硬币的正反面，是无法分开的整体。当我们谈论蒙古族弓箭文化时一定要考虑二者之间的联系。蒙古族弓箭的物质文化是非物质文化的载体，非物质文化遗产是弓箭的物质文化展现的方式。蒙古族传统牛角弓制作技艺，还有与弓箭相关的民间文学、传统射箭体育竞技、与弓箭相关的民俗等都依附于弓箭本身，然而弓箭通过上述非物质文化形式活跃在人们的生活当中。所以说蒙古族弓箭文化保护应当要保证物质文化遗产和非物质文化遗产的整体性。

其次，蒙古族弓箭文化的非物质文化特质是由多种文化内容组成的，在实际保护过程中会涉及很多相关的文化内容。所有这些物质和非物质的文化遗产构成了如今的蒙古族弓箭文化整体。自非物质文化遗产保护工作开展以来，国务院于 2005 年发出了《关于加强文化遗产保护的通知》，第一次提出"文化遗产包括物质文化遗产和非物质文化遗产"的概念，在内蒙古自治区以

"保护为主、抢救第一、合理利用、传承发展"方针为指导，建立非遗项目名录和传承人四级名录体系，分别是国家级、省（自治区）级、市级、县（旗）级，使内蒙古自治区非物质文化遗产保护工作得到健康、有序的发展，名录体系逐步完善，传承人保护逐步加强，宣传展示不断强化，保护手段丰富多样，取得了显著成效。国家出台非物质文化遗产代表性项目名录和代表性传承人申报相结合的政策，对于保护中华优秀传统文化起到至关重要的作用。2010 年被列入国家级非物质文化遗产项目名录对蒙古族传统牛角弓制作技艺而言，就起到了及时而有效的保护作用。内蒙古自治区非物质文化遗产代表性项目名录体系已初步建立，这个体系是保护优秀传统文化的平台。

二、对蒙古族弓箭文化的非物质文化遗产传承人的保护

从表现形式上看，蒙古族弓箭文化的最大特点是它的"非物质"性。在制作完成弓箭之前，它们只是以一种知识、技艺的形式存在于传承人的头脑中，射箭技术也是如此。因此，与物质文化遗产相比，对非物质文化遗产的保护难度更大。

从本质上看，蒙古族弓箭文化的传承保护是对传承人的保护。一代又一代的传承人将蒙古族弓箭文化融入自己的生活，又将其传给后人，如此反复，以活态形式传承至今，才能使蒙古箭弓箭作为非物质文化遗产的创造性、丰富性、艺术性、历史性等多种价值得以彰显。[①]

只要蒙古族弓箭文化的传承人还在，与弓箭相关的非物质文化遗产就不会消失；只要激励蒙古族弓箭文化遗产传承人不断进取，弓箭文化也会不断传承与发展；只要鼓励蒙古族弓箭文化遗产传承人继续招徒授业，就会后继有人，绵延不断。

与蒙古族弓箭相关的非物质文化遗产传承人或是传承群体往

① 孙正国：《非物质文化遗产传承人命名研究》，载《文化遗产》2009 年第 4 期。

往被视为蒙古族优秀文化基因的活态载体，他们所传承的蒙古族弓箭文化是否具有重要的历史价值、文化价值、艺术价值、科学价值与社会价值，就成为人们衡量传承人能否成为非物质文化遗产代表性传承人的重要尺度。在对蒙古族弓箭相关的非物质文化遗产代表性传承人保护工作中要注意以下几点：首先，要认真厘清传承人所传承的与蒙古族弓箭相关的文化事项的价值。如符合非物质文化遗产认定的价值标准，则该人就有资格成为非物质文化遗产代表性传承人。其次，与蒙古族弓箭相关的非物质文化遗产代表性传承人必须直接参与传承工作，因为只有亲自参与，才有可能将他所熟知的弓箭文化知识传承下去。再次，就是确保传承人愿意将自己所知道的技艺、知识、经验、技巧传给他人，这也是非物质文化遗产传承保护工作的目的。最后，在上述工作基础上，要让广大群众去了解、认识与蒙古族弓箭相关的非物质文化遗产，从而让人们对其感兴趣，这是壮大受众群体的重要途径。一个非物质文化遗产的受众群体越来越庞大，它也会不断发展。

三、蒙古族弓箭文化的就地保护

蒙古族弓箭文化的产生和发展都离不开草原的人文环境和自然环境。虽然非物质文化遗产具有"流动性"，但是有它赖以生存的文化生态环境。如果随意迁徙，蒙古族弓箭文化原有的功能将失去其应有的价值。就蒙古族射箭技巧而言，内蒙古西部阿拉善盟、巴彦淖尔市、鄂尔多斯市地区乘马骑射较多，中部赤峰市、锡林郭勒盟、乌兰察布市、通辽市、兴安盟等地区以萨仁靶为主，东部呼伦贝尔市地区以布里亚特蒙古族射箭（布龙）和巴尔虎蒙古族射箭（通克）较多。所以对于蒙古族弓箭文化而言，就地保护是符合其传承规律的。

四、蒙古族传统牛角弓制作技艺生产性保护

蒙古族弓箭文化中最为核心的部分是蒙古族传统牛角弓制作技艺，它是蒙古族在历史上创造并以活态形式传承至今的、充分代表蒙古族文化底蕴、审美情趣与艺术水平的优秀传统手工技艺。而且与蒙古族弓箭相关的文化内涵都是以弓箭作为载体形成的，对蒙古族弓箭文化的振兴发展而言最为根本的是对蒙古族传统牛角弓制作技艺的振兴发展。2009 年，蒙古族传统牛角弓制作技艺入选内蒙古自治区第二批非物质文化遗产名录，2010 年蒙古族传统牛角弓制作技艺入选第三批国家级非物质文化遗产保护项目名录，随后乘马骑射、蒙古族射箭等与弓箭相关的非物质文化遗产分别入选自治区非物质文化遗产名录。

对蒙古族传统牛角弓制作技艺的生产性保护，是其传承的重要途径。这样做不但可以充分利用民间文化资源推动蒙古族弓箭文化事业的振兴发展，还可以通过市场这只"看不见的手"，增加当地人的就业率与收入。以生产性方式保护非物质文化遗产，就是要把非物质文化遗产加工或创作成产品，推向市场。非物质文化遗产生产性方式保护是指通过生产、流通、销售等方式，将非物质文化遗产及其资源转化为生产力和产品，产生经济效益。并促进相关产业发展，使非物质文化遗产在生产实践中得到积极保护，实现非物质文化遗产保护与经济社会协调发展的良性互动。

（一）蒙古族传统牛角弓制作技艺生产性保护的可行性

现代的生产方式和方法，对于非物质文化遗产的生产性保护而言，有些可用，有些不可用，这要根据非物质文化遗产的具体特性来选择。因此对蒙古族弓箭文化生产性保护的可行性可以从以下几点进行分析。

1. 蒙古族传统牛角弓制作技艺"有形化",提供生产性保护的可行性

蒙古族传统牛角弓制作技艺是国家级非物质文化遗产项目。通常一提到"非物质文化遗产",总会与"物质文化遗产"对立起来,认为非物质文化遗产与物质文化遗产有根本的区别。但事实上,"物质文化遗产"与"非物质文化遗产",并不是截然不同的两个事物,而是一个事物的两个方面。作为"看不见""摸不着"的传统技艺和技能很难进入市场,但是通过蒙古族传统牛角弓制作技艺可以生产出非常受欢迎的蒙古族传统牛角弓,这就使生产性保护具备了可行性。

2. 发展蒙古族射箭运动,为生产性保护提供可行性

目前,蒙古族射箭运动作为蒙古族重要的体育娱乐项目,是内蒙古各盟市、各旗县的那达慕、祭敖包等民俗仪式中"男儿三艺"之一。射箭运动也成为全国少数民族运动会的重要项目之一,将射箭与内蒙古部分地区的蒙古族学校体育课程相结合是一个开创特色课程的新思路。除此之外,还有一些社会组织团体如内蒙古各盟市、各旗县以及各高校的射箭协会,为射箭运动的发展奠定了坚实的基础。

3. 蒙古族弓箭古朴、稚拙的原始美,提供了生产性保护的可行性

随着人们审美的提升和文化旅游产业的繁荣,民间工艺品市场迅速发展。蒙古族传统牛角弓本身具有独特的艺术魅力、文化内涵、历史价值和科学价值。那么围绕蒙古族传统牛角弓所生产的文化旅游产品、民俗收藏品、工艺品、装饰品、儿童玩具等产品为当代人提供了亲近和回归自然的感觉。这也为蒙古族弓箭文化生产性保护提供了可行性。

（二）蒙古族传统牛角弓制作技艺的生产性保护方式

生产性保护是对传统文化的保护与延续，这一过程从某个侧面展示出我们应当如何处理文化与自然生态的关系，如何实现可持续发展的理念。蒙古族传统牛角弓制作技艺对自然原材料巧妙、充分的应用使我们看到，精美的牛角弓制作技艺的生存、发展都依赖于当地的自然环境和人文环境。

再说到非物质文化遗产的生产性保护方式，就是要把它与产业化相结合。产业化是现代市场经济发展的重要标志，是一个行业能够兴旺发达的关键。产业化有一个显著特征，就是要达到一定的经济规模。对于非物质文化遗产来说，有一部分项目完全可以进行产业化开发，如食品制作类、药物制作类等，但也有许多是不能直接产业化的，如蒙古族传统牛角弓制作技艺。其原因有以下两点：首先工业生产规模化的前提是产品能够标准化，但对于蒙古族传统牛角弓制作技艺来说，很难像工业化生产那样制定精确的标准。因为蒙古族传统牛角弓的历史价值、文化价值、艺术价值和经济价值正是通过差异化来体现的。其次蒙古族弓箭的地域性特征是非常明显的，消费群体较小。在这种市场特征下进行生产性方式保护时，不可能以简单的规模扩大而获得市场。

在此基础上，蒙古族传统牛角弓制作技艺的生产性方式保护最好的方式应该是将传统生产方式与现代工业生产方式有机结合。对于蒙古族传统牛角弓的生产而言，工业技术和手工技艺各有优缺点，两者不可能完全互相替代。传统生产的个体差异化和工业化生产的制作标准化，是手工生产方式与工业生产方式的本质区别。蒙古族传统牛角弓制作技艺的传承，除了技术层面的需求外，还具有思想、心灵、精神等方面的诉求愿望。那是因为蒙古族传统牛角弓制作技艺的生产不同于工业化生产的过程，其本身就有传承人的手工特质，存在深刻的精神需求。所以我们可以在制作传统中角弓的过程中合理地运用工业化手段，在弓箭制作过程中，材料处理、基础工序等可以用工业化手段去完成，大大缩短时间成本。蒙古族传统牛角弓制作技艺中猪皮鳔的制作完全可以标准化，根据鳔的需求量把猪皮的重量、熬鳔的温度、熬鳔的时间、水量、黏稠度等一系列数值标准化。这样制作出来的鳔除了可以用于弓箭制作，也可以用于其他材料的粘贴，如现代装修、家具黏合等。

五、蒙古族弓箭文化的合力保护

在蒙古族弓箭文化传承和保护过程中，存在三个息息相关的主体，那就是传承主体（传承人）、保护主体（政府职能部门、学术界、商业界、新闻媒体包括新媒体等）、受众群体。原文化和旅游部副部长项兆伦在《中国非物质文化遗产保护当代实践》中提到"见人见物见生活"的非物质文化遗产保护理念。围绕着蒙古族传统中角弓制作技艺及相关的射箭项目，我们可以清晰地看到蒙古族人民的生活及技艺。

在蒙古族弓箭文化传承保护工作中，不论是哪个主体都有责任、有义务参与进来，合力去做好各自应做的保护工作。传承人做好传承工作，政府部门做好政策性的保护工作，学术界做好理论指导工作，新闻媒体做好宣传工作等。在这个过程中，传承主体要利用自己的学术优势、经济优势、舆论优势、人才优势等来帮助、鼓励、推动蒙古族弓箭文化的自主传承。（图4-1）

图 4-1　代表性传承人诺敏（右一）与非遗学者董杰（左一）交流关于保护蒙古族传统牛角弓制作技艺的相关问题

第二节　蒙古族弓箭文化的振兴发展

21 世纪是一个数字技术、人工智能等高科技飞速发展的时代，智能移动终端的普及极大地改变着人们的生活方式，也改变着社会组织管理方式。为此，有人会问，传统文化已经成为越来越远离我们日常生活的"文化遗产"，真的有必要在今天保护、弘扬和发展它们吗？我们的回答是肯定的。

中华优秀传统文化是人民大众在千百年历史进程中经过长期实践发展出来的成果，是人们智慧的结晶。在传统文化思想体系中，传统的生产生活方式、工艺技术、社会组织方式、民俗传统等，是我们形成历史认同感和文化认同感的重要基础。就拿蒙古族弓箭文化举例，在蒙古族传统文化体系、文化艺术创造、生产生活方式、工艺技艺、民俗等方面都占有一席之地。与此同时，蒙古族弓箭文化是草原文明的重要文化遗产，也是中华文明的组成部分，它的历史价值、文化价值、艺术价值、科学价值等都体现了草原文明的辉煌程度。

　　保护文化遗产是全球性的文化保护行为，从"物质"到"非物质"文化遗产保护措施的推出，也是在全球化背景下，将静态的文化纳入动态的文化遗产保护的过程。世界文化体系是一种多元的文化体系，很多文化都在加强与外部世界接触的同时，自觉地认真地发展自身。

　　习近平总书记在党的十九大报告中提出，要"推动中华优秀传统文化创造性转化、创新性发展"。这句话为今后我国文化建设事业的发展指明了方向。我们在新时代，要将创造性转化、创新性发展作为推动中华优秀传统文化现代转型的基本准则和必由之路。这也是蒙古族弓箭文化的振兴发展方向。进入 21 世纪以来，国家所倡导的非物质文化遗产保护工作，则又为新形势下传统文化的存在、再造与延续提供了新的方向与机遇。

一、蒙古族弓箭文化的创造性转化

　　随着数字技术及新媒体的发展，文化的生产方式、储存方式、表现方式都发生了变化，同时文化的传承方式、传播方式、体验方式也发生着变化。这种变化为很多优秀传统文化创造性转化提供了前所未有的机遇。我们要从蒙古族弓箭文化的传播内容、形式和渠道等方面充分利用技术和创意对其进行转化，努力让蒙古族弓箭文化"活"起来，打造内蒙古自治区蒙古族弓箭、射箭文化品牌，让人们在形象化、互动性的感知中喜欢上传统蒙古族弓箭文化。一个文化事项被赋予了新的内容、新的属性，就是一种转化。要促进蒙古族弓箭文化内容转化，就要使其融入人们的生产生活中，使其与内蒙古传统节日庆典、民俗仪式衔接，与全民健身、文艺体育、旅游休闲、文化创意、服装服饰等多种产业相结合，要推动蒙古族弓箭文化融入内蒙古自治区学校传统体育教育体系之中，使其得到更广泛的普及传承与创造性转化。

二、蒙古族弓箭文化创新性发展

蒙古族弓箭文化的发展过程本身就是一个创新性发展的过程。从弓的发展来看，从单木弓到复合弓就是一个不断创新的过程。文化从来不是一成不变的，而是伴随着历史的进程随时变化。对于蒙古族弓箭文化而言，有时候是弓箭文化的内在特质发生变化，如从狩猎工具到战争武器的变化；有时候是外在表现方式发生变化，如从单木弓到加强弓再到复合弓的变化；还有的时候是人们对特定文化的阐释和解读发生了变化，如射箭活动从狩猎到战争再到娱乐活动的变化。

科学技术的飞速进步，带来了无数新的契机和可能。对蒙古族弓箭文化而言，其历史轨辙、现实遭际、力学知识、美学特征、传承规律、实践方式、社会功能、文化意义等，都可以通过新的方式和平台进行传播。现代技术中的声音、文字、影像、云技术等，已经成为传统文化传承和传播的新业态、新走向。这些技术能够提供人们学习和欣赏、继承和发展、改变和创新的机会和便利。